U0044096

物理君與薛小貓^的
生活科學大冒險

從家裡到太空，腦洞大開的 226 個
物理現象與原理

中國科學院物理研究所 著

目錄
contents

喵嗚！

奇怪，難道是我聽錯了？

啊！

咚！

▶▶ 前情提要 ◀◀

　　「唉……今天的光學實驗又廢了！」從 M 樓出來，物理君習慣性地望瞭望天，獵戶座已經西垂。這已不是物理君第一次這麼晚回去，最近一直都在實驗室熬到深夜兩三點，回到宿舍時室友都已經呼嚕連連了。步入博士最後一年，卻遲遲沒有好的結果，想著早上洗臉又掉下一根長度 3.012cm 的頭髮，物理君煩躁地把腳邊一顆石子踢進草叢。看著石子以斜角 30°、5m/s 的初速度飛出去，物理君長籲了一口氣，稍微舒緩了一下煩悶。

　　「喵嗚──」一聲尖厲中帶著可憐的貓叫打斷了物理君還沒出完的這口氣。「啊，不會踢到貓了吧？」一向愛護花花草草和小動物的物理君連忙循聲走過去，可張望四周卻並沒見到貓的影子，倒是石子落下的位置正好是物理所「網紅人孔蓋」[1] 之一的「薛丁格的貓」。

---

1. 編註：中科院內有 24 個人孔蓋上繪有科學公式塗鴉，成為許多人拍照打卡的熱門地點，故有「網紅人孔蓋」之稱。

　　物理君蹲下來打量著這只上半身完整、下半身只剩骨架的貓，一臉疑惑：難道剛才是這隻貓叫的嗎？開玩笑，看來我是太需要睡眠了……

　　就在將要起身的一剎那，物理君突然感到手腕被什麼抓住，伴隨著一聲頻率為 4700Hz 的貓叫以及極強的失重感，物理君眼前一黑，被人孔蓋吸了進去。

　　微風拂過，幾片落葉掩住了人孔蓋上的貓影，一切陷入了沉寂，唯有微微振動的人孔蓋預示著即將發生的不同尋常的故事。

　　「喂，你醒醒！你快醒醒！」迷迷糊糊間，物理君感到自己的臉火辣辣地疼，還有一個略顯熟悉的聲音在叫他。

　　睜開眼睛，物理君發現自己已經身在一個完全陌生的地方。「又是一隻迷途羔羊。」旁邊傳來一聲歎息，物理君卻看不到說話的人。「別找了，我就在你腳邊。」說話的竟然是一隻貓！

　　「這是哪裡？我死了嗎？為什麼你會說話？」物理君一

連三問。貓咪答道：「這個島名叫『悟理島』，以每個人都對物理問題充滿好奇著稱，我是薛小貓，我每年都會遇到一個穿越過來的人。」「等等等等，你的意思是我穿越了？」物理君驚呼道，「可是我的實驗還沒有完成，明天的討論也還沒準備呢，你快幫幫我，怎樣才能回到原來的世界？」薛小貓輕輕擺了擺尾巴：「穿越回去？我可幫不了你，但我知道到這個島上的『悟理學院』去有可能實現這個事。我們去前面的社區打聽打聽怎麼去悟理學院吧。」

家裡的物理
布里淵社區

　　物理君抬頭一看，果然不遠處就有幾棟住宅大樓，門牌上還寫著「布里淵社區」。

　　「布里淵社區？」物理君心想，「這社區的名字倒是還挺物理的，不過沒時間多想了，現在找到穿越回去的辦法才是正經事。」物理君三步並作兩步衝進布里淵社區。「哎，等等我！」薛小貓也趕忙追了上去。剛進社區，物理君就看到一個小朋友在玩耍，於是過去拍了一下小朋友的肩膀，問道：「小朋友，你知道怎麼去悟理學院嗎？」小朋友疑惑地搖了搖頭，反問道：「大哥哥，你的手明明是濕的，為什麼拍在我身上卻是熱呼呼的呢？」

　　物理君愣了一下，原來剛才跑得太急，手上流了好多汗。還沒回過神來，薛小貓的聲音就打斷了他的思緒：「這個世界有個不成文的規定，在每個地點要回答夠一定數量的問題才能打通往下個地點的道路，我知道你很著急，但要想回去，還是得有耐心呀！」

　　物理君這才冷靜下來，仔細一想：我穿越過來的時候是深夜，現在卻是白天，說不定這裡的時間和現實世界不相通，那我不如暫時脫離科研生活，在這個世界裡好好探索一下。

　　「這個問題我會……」還沒等物理君說完，小朋友就搶著回應：「太好了，終於碰到了一個可以幫我解答問題的人。我有個筆記本，上面記載了好多我和同學們想知道的問題，大哥哥可以幫我們解答嗎？」

　　看到小朋友對物理這麼感興趣，物理君也放鬆下來：「好呀，讓我來看看都是些什麼問題吧！」

01. 為什麼濕手捂在衣服上會覺得熱呼呼的？

有時候我們洗完手，用毛巾擦手或把濕手捂在衣服上的時候會有熱呼呼的感覺。

由於衣物或毛巾的溫度一般高於洗手時的水溫，所以當我們用它們擦手時就會有熱呼呼的感覺。手濕著的時候，水分蒸發會帶走熱量，因此相比手上不沾水的時候會感覺涼一點。而當濕手捂在衣服上時，局部空氣流通速率下降，導致蒸發速率下降，水蒸氣不會馬上被帶走，從手上失去的熱量相對於不捂毛巾或衣物時少，感覺就是熱呼呼的了。

02. 為什麼有的乾毛巾不吸水，但只要濕潤一點之後就很吸水了？

我們先來說明為什麼通常會用濕毛巾吸水。濕毛巾裡分佈著很多纖維，而纖維網路形成的孔隙就相當於許許多多的毛細管。對於纖維來說，水是一種浸潤液體，也就是說水分子之間表現為斥力，水和纖維的接觸面（又叫附著層）具有擴散的趨勢，加上纖維非常細，水就會在毛細管中不斷升高，因此當濕毛巾中的毛細管大部分未被填滿時，濕毛巾就很容易吸水。

那為何同樣擁有大量毛細管的乾毛巾，對水卻沒有這麼大的吸力呢？這是由於水的另外一個性質：表面張力。其實

水的表面張力在生活中隨處可見，比如蜉蝣彷彿浮在一層水
膜上，再比如加了肥皂的水更容易吹出泡泡，這些現象和
液體的表面張力有關。對於乾毛巾和即將接觸的水來說，
在表面張力的作用下兩者間容易形成界面，從而阻止水的滲
入。濕毛巾本來就有水的存在，這些水的存在抑制了界面的
形成，因此比乾毛巾更容易吸水。

03. 徹底擰乾毛巾需要多大的力？

很遺憾，毛巾是無法被徹底「擰」乾的。毛巾主要由脫
脂純棉製成，主要成分是纖維素，而纖維素中有大量親水性
的羥基，水分子會在氫鍵的作用下與纖維素結合形成結合水
（bound water），同時由於水的表面張力，毛巾中的縫隙也
因毛細現象而可以大量儲存水分，這是毛巾吸水的主要原
因。將毛巾縫隙中的水分擰出來時，仍然會有部分水分以結
合水的形式儲存於毛巾中，可以透過曬太陽去除這一部分
水。

如果一定要以手擰的方式盡可能地達到理想的效果，
就需要參考 1200 轉／分的洗衣機脫水功能。假設滾筒半
徑 0.2m，毛巾平均質量為 500g，我們透過「甩」的方式需
要維持約 1579N 的力，利用此力大約可以舉起 161kg 的物
體（接近 69kg 級抓舉舉重的世界紀錄水準）。而且，這是

「甩」不是「擰」，「甩」的時候，因水分子受到的附著力不足以提供圓周運動的向心力，因而脫離毛巾，「擰」並不會直接作用到水分上，此時水仍可以透過黏滯力吸附在毛巾上，也就是說，即便我們使出了舉重世界紀錄水準的力氣去擰一條毛巾，也不可能把它擰到像洗衣機脫水過的那樣乾。

04. 為什麼牙膏不管怎麼捏，擠出來的條紋形狀總是不變呢？

　　如果將牙膏切片，其解剖圖是這個樣子的：

牙膏截面

　　牙膏的主要成分是摩擦劑，根據添加劑的不同分為不同的彩色塊。牙膏是一種很典型的賓漢流體（Bingham fluid），是非牛頓流體的一種，通常是一種黏塑性材料，在低應力情況下，表現出一定剛性，高應力下，會像黏性流體一樣流動。通俗來說，牙膏在不受擠壓的情況下，表現得像

個錚錚硬漢（固體），受到高強度擠壓，就會柔弱似水（流體一樣流動）。當牙膏像流體一樣流動時，其遵循流體力學中的定律，流動狀態受雷諾數（Reynolds number）支配：黏性越大，雷諾數越小，其流動狀態為層流狀，液體之間相互平行流動。黏性越小，雷諾數越大，流動會發生湍流，即相互混合。調節牙膏不同色條材料之間的雷諾數，可以使之僅發生層流現象而不相互混合。當然，當牙膏混入水之後，其黏性降低，色條之間就會相互混合了。

05. 為什麼牙膏滴到潮濕的地板上，地板上靠近牙膏的水會擴散開？

　　我們需要先瞭解一下接觸角的概念。問題所描述的情形可以用下圖簡單表示，在這樣一個氣、液、固三相交界的體系中，有三種界面張力在相互作用，σ 表示不同界面間的表面張力係數。

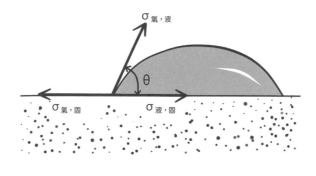

氣－液－固界面張力示意圖

不難理解，$\sigma_{氣,固}$傾向於使液滴鋪展開，$\sigma_{液,固}$傾向於使液滴收縮，在圖示潤濕（$\theta < 90°$）的情況下，$\sigma_{氣,液}$傾向於使液滴收縮。接觸角被定義為$\sigma_{液,固}$和$\sigma_{氣,液}$之間的夾角。簡單的力學分析可得：

$$\cos\theta = \frac{\sigma_{氣,固} - \sigma_{液,固}}{\sigma_{氣,液}}$$

我們日常用的牙膏一般都含有表面活性劑。表面活性劑進入水中會迅速聚集於界面，親水基指向水相，疏水基指向氣相，使表面張力急劇下降並趨於恆定。

回到問題本身，在牙膏沫周圍的水中，由於表面活性劑的加入，其表面張力減小，根據前面關於接觸角的分析，其收縮作用減弱，更傾向於在固體表面鋪展開來，即接觸角θ減小，所以看上去比遠離牙膏沫的水面要更低凹。

06. 為什麼刷完牙後牙膏的小泡沫在水面上向四周散開？

這是因為牙膏裡有一種用來起泡的表面活性劑，一般來講是十二烷基硫酸鈉、月桂醯肌氨酸鈉等。表面活性劑能使溶液系統的界面狀態發生明顯變化，表現為液體的表面張力降低。

在水面上加入表面活性劑，局部的水表面張力就會降

低，同時這些水還會受到旁邊乾淨水的表面張力的拉拽，形成了局部水的流動。至於為什麼表面活性劑會使表面張力降低，我們就要看一看它的分子結構：表面活性劑分子一般有一個親水頭部（親水基）和一個疏水尾部（親油基）。

顧名思義，親水頭部喜歡和水結合在一起，而疏水尾部不喜歡，表面活性劑分散在水面上就像下圖這樣：

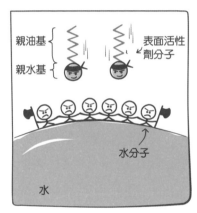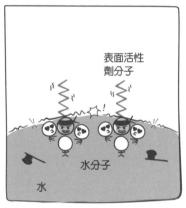

親水頭部和水結合，而疏水尾部被排斥向另外一方，暴露在空氣中，這就阻礙了表面的水分子之間手牽手，導致了表面張力的下降，使得牙膏小泡沫周圍的水向四面散開，這樣就能明白表面浮著的小泡沫向水面四周跑的原因啦。

07. 用沐浴乳洗完澡身上會滑滑的，用香皂就不會，真的是沐浴乳洗不乾淨嗎？

其實有些沐浴乳洗完身上並不會覺得滑滑的，這主要和不同的沐浴乳所含的成分有關。香皂的主要成分是脂肪酸鈉（比如硬脂酸鈉），在水裡溶解之後產生脂肪酸根，這是一種陰離子表面活性劑，含有烷基的那頭親油，帶負電的那頭親水，這種兩親的特點使得它能夠將皮膚表面上的油脂「拽脫」皮膚表面，隨水流沖走。脂肪酸根有個缺點：容易和水中的鈣、鎂離子結合形成皂垢。殘留在皮膚表面的皂垢就是用香皂洗完澡後皮膚乾澀的原因。

而有些沐浴乳含有的表面活性劑是兩性型的，比如甜菜鹼類（椰油醯胺丙基甜菜鹼等），或者是陽離子型的，比如四級銨鹽類（十六烷基三甲基季銨溴化物等），這些表面活性劑不會和水中的鈣、鎂離子結合，因此也就不會形成皂垢。但是這些表面活性劑容易附著在皮膚表面，不容易沖走，所以就有一種滑溜、洗不乾淨的感覺。

也有沐浴乳是含有皂基（也就是含有陰離子表面活性劑）的，比如成分表中含有脂肪酸（或者棕櫚酸、月桂酸）和氫氧化鈉（或者氫氧化鉀），那就說明其中含有皂基，洗完也可以達到香皂的「乾澀」（或「乾爽」）效果。

08. 為什麼肥皂套上網狀袋子後更容易搓出泡沫？

回答這個問題前，首先需要知道泡沫是什麼。泡沫在科學上的定義是氣體分散在液體或固體中的一種分散系統。而題目中所說的泡沫則是空氣分散在水中的一種分散體系，其中肥皂作為表面活性劑，可以讓泡沫穩定存在一段時間。泡沫要產生，需要有空氣和肥皂水的共同參與，因為網格袋子有很多小網格，上面存留了許多肥皂水，並且小網格之間有著大量的空氣，這樣使得肥皂水可以和空氣 3D 立體接觸，有利於產生大量泡沫。而直接在身上塗抹肥皂，肥皂水和空氣相當於是 2D 接觸，空氣難以進入肥皂水中混合形成氣 - 液分散系統，也就難產生泡沫了。

09. 可以直接擠出濃密泡泡的洗手乳瓶子是什麼原理？

讓我們先回想一下小時候吹泡泡需要的幾個條件：一要有泡泡水，二要有能蘸取泡泡水的環形工具，三要有鼓風（比如用嘴吹）。對著蘸有泡泡水的環形工具吹氣，就能吹出泡泡了。而能擠出濃密泡泡的瓶子（起泡瓶）剛好滿足這三個吹泡泡的條件。首先，起泡瓶中的液體是含有表面活性劑且比較稀的液體，而不是像沐浴乳那樣的黏稠乳液。我們知道，直接對沐浴露吹可是吹不出泡泡的，得將其稀釋了才行。其次，不同於一般的乳液壓頭和噴霧壓頭，起泡瓶

的壓頭是泡沫壓頭。泡沫壓頭有兩個重要的部件，分別是篩網和氣室。篩網相當於吹泡泡時蘸取泡泡水的環形工具，氣室相當於吹泡泡時的鼓風裝置。在按壓壓頭之後松開的過程中，壓頭上部形成低壓區，將瓶內液體抽到壓頭上部，同時將空氣吸入氣室中。按壓時，氣室壓力增加，將空氣和液體同時擠向篩網處（相當於向蘸有泡泡水的環形工具吹氣），這樣就能吹出泡泡了。篩網網眼越小，泡沫就越細膩。

10. 為什麼在水裡打不出響指？

　　不知道題目問的是把手泡在水裡打不出響指，還是剛洗完澡手濕的時候打不出響指……不過不管怎樣，核心原因就是打響指其實是件很精密的事情，差一點都不行。很多人以為打響指的聲音來自手指拍打手掌上的大魚際肌肉，但其實更多的是來自無名指和小指與手掌構成的空腔共鳴。不信的話，同學們可以把手指張開再打響指看看，是不是聲音變得又小又悶了？假如把整個手泡在水裡，空腔裡面介質都變了，肯定就不可能產生之前一樣清脆的響指聲了。

　　另外，打響指對於中指的速度其實也有很高的要求。開始打響指時，中指和大拇指的摩擦力很大，但當中指運動到大拇指的第一個指節轉折處的時候，因為角度變化，摩擦力迅速變小，從而中指快速加速，拍打大魚際肌肉。整個過程

發生的時間不過數毫秒，在那個瞬間，中指宛如博爾特[2]附體。但如果手是濕的或者手泡在水裡，摩擦力的變化沒有那麼大，中指的運動速度不夠，就斷然打不出清脆的響指了。

11. 廁所裡感應沖水的原理是什麼？為什麼有時候穿黑色衣服感應會遲鈍呢？

　　廁所裡的感應沖水與水龍頭感應放水都是利用紅外線反射。在廁所中我們會發現閃著微微紅光的小鐵盒，這就是紅外線發射器。不過這裡的紅光只是起到類似指示的作用，而紅外線波長介於可見光與微波之間（760nm ～ 1mm），因此人眼是無法直接觀察到紅外線的。其實溫度高於絕對零度的物體都會發出紅外線，為避免干擾，發射器所發出的紅外線是經過「調製」的，即帶有特定振盪頻率的脈衝信號。當有物體出現在感應器的有效感應區域時，紅外線便會被反射，一部分調製過的紅外線被反射回感測器內，被信號接收器接收後轉換成電信號並解調，而後電信號經過三極管放大後發送給脈衝電磁閥，電磁閥按照指令打開水龍頭放水。

　　感應沖水的完整過程關鍵在於紅外線在感應區域的有效反射，根據物質的顏色原理，物質所表現出的顏色是物質吸

---

2. 編註：尤塞恩‧博爾特 (Usain Bolt)，奧運短跑紀錄保持人，被稱為地球上跑得最快的人。

收了相當一部分可見光之後被人眼所觀察到的可見光，所以
黑色的物質對可見光與可見光頻率附近的電磁波有良好的吸
收作用。因此，當我們穿黑色衣服時，感測器所發射的紅外
線更可能被吸收而非反射，所以感測器會感應遲鈍或者沒有
反應。

12. 為什麼被子曬過後會變得蓬鬆，感覺更重？

　　曬被子是大家的一個日常行為，尤其是在陰雨、潮濕的
天氣過後，把被子拿出去曬一曬，不僅可以殺菌除蟎，還能
恢復保暖的性能，但是曬完被子之後，我們常會發現被子變
得厚了、蓬鬆了，就像新買回來的一樣。這是因為經過晾曬
後被子中的棉花纖維之間存儲了大量的溫熱空氣，蓋起來才
蓬鬆柔軟。透過晾曬，被子中空氣含量增加，被褥中的棉花
纖維舒展蓬鬆，能增加其彈性和保暖能力。被子接受紫外線
的照射，可以除掉棉絮中的水分和病菌，減少感冒等流行性
疾病的發生。這樣既增加了被褥的使用壽命，又有利於人體
健康。但是要注意，許多人喜歡曬完被子拍一拍，覺得既可
以去掉灰塵又可使被子蓬鬆柔軟，專家表示，這種方法並不
科學。如果用力拍打棉絮，就會把溫熱的空氣拍出棉絮，使
蓬鬆度下降。或許是因為曬過的被子突然變得厚了，造成被
子變重了的錯覺，但其實被子還是那個被子，並沒有變重。

13. 為什麼濕了的紙會更容易被撕爛？

要解答這個問題，我們要先知道造紙的大致過程。紙張主要是由纖維（基本是植物纖維，其主要成分為纖維素）和其他固體顆粒物結合而成的多孔性網狀材料。纖維素分子由於具有親水性，能和水分子形成氫鍵，經過脫水處理（乾燥）這一步，最終纖維素分子的羥基（-OH）之間的距離小到足以產生氫鍵，這就是造紙的過程。也就是說，紙張的強度來源於纖維素分子之間的氫鍵結合力。我們把紙弄濕，相當於破壞了纖維素分子羥基之間的氫鍵，增加了分子間距離，紙的強度自然就變低了！

14. 超市裡的手扶電梯是如何卡住購物車的？

細心的人一定會發現，手扶梯的梯面上佈滿了一道道凹槽，而在將購物車推到電梯上時會觀察到購物車的輪子陷在凹槽中，感覺被卡住了。事實上也的確如此。如下圖所示，車輪由橡膠製的外圈、內圈以及剎車塊構成。外圈的輪胎寬度與電梯表面的凹槽寬度接近，當購物車推上電梯時，車輪外圈發生形變而嵌入電梯表面的凹槽，輪胎側面和凹槽側面間的摩擦力使得車輪無法向前運動。剎車塊的作用是在車輪外圈磨損嚴重導致摩擦力減小或者無法側面形成摩擦力時，避免輪胎整個陷入凹槽仍然可以行駛的情況：在車

輪外圈接觸凹槽底部時，剎車塊先一步與梯面接觸，提供摩擦力，使得購物車無法移動。

　　在購物車被帶動至電梯盡頭時，由於手扶梯表面和電梯出口處的擋板一般會形成一定夾角，同時也具有凹槽狀條紋，可以使嵌入電梯凹槽的車輪逐漸抬升，脫離凹槽，恢復正常行駛。

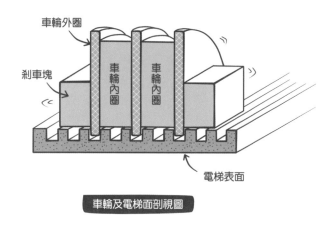

車輪外圈
剎車塊
車輪內圈
車輪內圈
電梯表面

車輪及電梯面剖視圖

15. 請問紙泡在水裡晾乾後為什麼會變皺呢？在其他溶液中呢？

　　紙的主要成分是植物纖維，而纖維素分子上有大量的羥基，乾燥的紙的強度主要來自羥基之間形成的複雜的氫鍵網路。紙之所以能夠吸水也是由於羥基是一種親水基團，

纖維細胞吸收水後體積膨大的過程被稱為纖維的潤脹，在這個過程中羥基和水分子之間形成氫鍵，產生水橋，同時水分子進入纖維細胞內部，促使纖維比容（單位質量的物質所佔有的容積）增大。潤脹會造成兩個結果：一是減弱了纖維的內聚力；二是使纖維細胞壁內各層微纖維之間產生了層間滑動，使硬挺的纖維變得柔軟可塑。

如果不外加干預、讓紙自然風乾，纖維素分子之間由於層間滑動導致疏密不一，原有的緊密的氫鍵網路是無法自然恢復的，因此被水泡過的紙乾了之後會變皺。其他溶液也可以產生這樣的效果，這主要和溶液分子的極性有關。網上流傳的將變皺的紙沾濕之後用字典壓住，等其變乾之後會變平整的說法是正確的，這類似於造紙過程中的打漿，即透過外加應力使纖維素分子之間更好地形成氫鍵連接。

16. 保溫杯保溫效果的好壞與什麼因素有關？

保溫杯是從保溫瓶發展而來的，其保溫原理與保溫瓶基本一致。1892 年，化學家詹姆士・杜瓦（James Dewar）製成雙重玻璃容器，並將內側玻璃壁塗上銀，然後又抽掉了雙重玻璃間的空氣，還申請了專利，因此熱水瓶也被稱為杜瓦瓶。

保溫杯，簡單說就是能夠保溫的杯子，一般是由陶瓷或

不銹鋼加上真空保溫層做成的盛水容器，頂部有蓋，密封嚴實，真空保溫層能使裝在內部的水等液體延緩散熱，達到保溫。熱量主要以熱對流、熱傳導、熱輻射這三種方式進行傳遞，真空保溫層中沒有傳遞介質，因此有效抑制了熱對流和熱傳導，同時真空層內層透過鍍反熱層的方法將熱量反射回保溫杯內部，達到保溫。

下圖展示了常見的兩種保溫杯結構，無尾真空焊接技術使得真空夾層漏氣的機率減小，達到更高效率的保溫。同時真空保溫杯一般配有樹脂杯頭，以達到良好的密封效果。

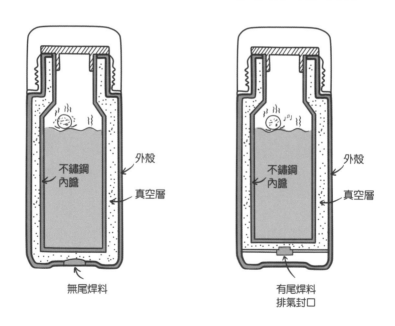

　　透過對保溫原理的分析我們可以發現，保溫杯主要利用真空以及鍍層對熱量的反射完成保溫，不考慮瓶口的密封效果，影響保溫效果的關鍵因素即為真空層的真空度和鍍層的熱量反射能力，這些因素主要由保溫杯製造過程中的材料工藝決定。

17. 為什麼用濕手摸玻璃杯杯口會發出聲音？

　　首先，聲音是由物體振動產生的聲波，是透過介質（空氣或固體、液體）傳播並能被人或動物的聽覺器官所感知的波動現象。用濕手摸玻璃杯能夠發出聲音，一定是某種物質發生振動，然後透過介質傳導，被我們感知到了。

　　仔細分析發現，不是只有在濕手摸玻璃杯時才會發出聲音，其實大部分時候，我們用手去摸或者去摩擦某個物體的表面時通常都能聽到聲音，比如紙張、桌面或者衣服等。那為什麼濕手摸玻璃杯的聲音會讓人特別注意到呢？是因為這種聲音非常特別，在玻璃杯中加入不同體積的水甚至可以作為樂器來演奏。除此之外，還有的人能夠根據聽到的聲音直接分辨出正在摩擦的物質是什麼，比如衣服的材質是尼龍還是纖維，或者判斷出你是在使勁摩擦還是輕輕撫摸。

　　下面我們來簡單分析其中原理，當我們摸或者摩擦一個物體表面時，物體表面或者手與物體接觸界面的分子發生

動。從模型上講,這是一個阻尼振動模型,如下圖所示,至於對應哪種阻尼則與實際情景有關。

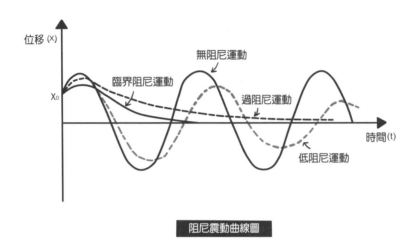

阻尼震動曲線圖

　　阻尼振動中對應的振動頻率與物質的固有頻率和阻尼係數有關,振動幅度隨時間指數衰減。介質將振動的相關資訊(包括振幅和頻率)以聲音的形式傳導給我們,使得我們能夠根據音色(與頻率相關)和響度(與振幅相關)來判斷物質的種類,或者感知到不同強弱的聲音。

18. 為什麼灑過飲料的地板會有黏糊糊的感覺?

　　這是因為大部分飲料裡都含有很多糖類,這些糖類物質會增加水的黏度。飲料灑在地板上,一開始水分子還比較

多，糖類的濃度較小，因而不顯得黏糊糊；但隨著水的蒸發，糖的濃度逐漸上升，就變得黏糊糊了。

至於為什麼糖溶解於水中會增加水的黏度，簡單來說是因為「氫鍵」。液體的黏性來自液體分子之間的相互作用力，分子之間的相互作用越強，連接越緊密，液體就會越黏。由於氫鍵的存在，糖分子與大量其他水分子和糖分子連接在一起，從而使液體變得很黏。

不過一些人可能會問：水裡也有很多氫鍵，為什麼純淨水黏度較低？這是因為糖類分子通常較大。以飲料裡常用的蔗糖為例，1 個蔗糖分子含有 12 個碳原子、22 個氫原子、11 個氧原子，這些氫原子和氧原子都可能透過形成氫鍵的方式與水分子或其他蔗糖分子連接在一起，甚至兩個分子之間會形成多個氫鍵，這種複雜的結構遠比水分子（含有兩個氫原子、一個氧原子）之間由氫鍵形成的基團要緊密。因此，雖然純淨水中也有很多氫鍵，但相對來說並沒有糖水黏。

同學們可以嘗試購買市面上的無糖飲料，這些飲料中使用了代糖來取代蔗糖、果糖等，因此相對來說整體的含糖量應該偏低一些，可以比較一下含糖飲料和無糖飲料灑在地板上哪個更黏。

19. 為什麼空杯子或者花瓶放到耳邊會有聲音？

　　一句話概括，周圍的白雜訊（white noise）在共振腔中集中放大了某些頻率的聲音。空杯子和耳朵之間形成了共振腔，外部的雜訊透過共振腔在空氣作用下集中放大了某些頻率的聲音（頻率和共振腔的幾何外形相關），相當於外部的雜訊是這些聲音的演奏者。因此，如果我們將外部白雜訊和共振腔完全隔絕，阻止空氣振動的傳播，就聽不到上述的聲音了。嘗試一下站在嘈雜的大街和待在下雪天的家中，將空杯子湊在耳朵邊，你就會發現後者聽到的聲音明顯小了。這種現象的原理其實和管弦樂器的發聲原理是一致的。

20. 用耳朵聽保溫瓶的聲音來判斷保溫效果有科學根據嗎？

　　將保溫瓶開口對著耳朵聽聲音在一定程度上確實可以用來判斷保溫效果。保溫瓶簡單來說就是鍍有反熱層的內膽、真空層和外殼的三層結構，熱量主要以熱對流、熱傳導、熱輻射這三種方式進行傳遞，而其中的真空保溫層抑制了熱對流和熱傳導，同時鍍層可將熱量反射回保溫瓶內部，達到保溫。因此，真空層和鍍層的質量好壞一定程度上反映了保溫瓶保溫效果的好壞。當我們把保溫瓶拿到耳邊聽的時候，一部分外界的聲波會進入保溫瓶內部，並在瓶膽內

被反射，且無法透過高真空的玻璃夾層，因而可以聽到「嗡嗡」聲。所以，聲波一旦進去好的保溫瓶就很難再出來，用耳朵在瓶口能聽到不間斷的「嗡嗡」迴響聲。如果沒有回響聲，證明保溫瓶內膽已經破裂，不再保溫了。鍍層的光亮度越高，夾層裡的真空度越高，聽到的「嗡嗡」聲就越大，則瓶膽的質量就越好。反之，聽到的「嗡嗡」聲越小，則瓶膽的質量越差。

21. 為什麼倒水的時候有時水會沿著杯壁向下流？

　　這種現象稱為茶壺效應。每當我們非常緩慢地將茶從茶壺裡倒出來時，茶水總是容易順著壺嘴、貼著壺壁，向下流到桌子上。這是一個很有趣的現象。有不少物理學家都研究過它，2010 年《物理評論快報》（*Physical Review Letters*）的一篇文章就對材料的潤濕性與茶壺效應的關係進行了深入的研究。這篇文章指出了茶壺效應的三個影響因素，分別是流速、材料的潤濕性和邊緣的曲率。

　　生活中的經驗告訴我們，流速對茶壺效應有比較大的影響，當水流速度逐漸減小的時候，水就會貼著壺壁流下。

　　而材料的潤濕性（也就是親水性和疏水性）則是這篇文章的關鍵點，如下頁圖所示，如果壺嘴是親水材料 [（a）和（a'）]，那麼流速降低的時候，水就會順著壺嘴、貼著壺

壁向下流。如果壺嘴是疏水材料 [（b）和（b'），在壺嘴上熏了一層炭黑用於疏水]，可以發現就算流速很低，水也不會貼著壺壁下流，而是像斷了線的珠子一樣。

最後一個影響因素是壺嘴的曲率。結合生活經驗就很好理解：壺嘴邊緣越是圓潤，就越容易出現貼著壺壁下流的現象；而茶壺邊緣越是尖銳就越不容易出現茶壺效應。

22. 為什麼乾燥時更易產生靜電？

首先，當電荷聚集在某個物體上或表面時就形成了靜電，也就是物體由於正負電荷不平衡而帶電的現象，比如我

們國中學過的摩擦起電等都會產生靜電（當然，摩擦並不是產生靜電的唯一條件）。其次，這種電荷聚集不會自動消除，需要一定的放電途徑來轉移電荷，從而平衡正負電。當我們觸碰其他物體時，就形成了一個放電通道，電荷透過這個通道轉移時的放電電壓較高，但是能量很小。我們可以把這種放電稱為火花放電。也就是說，靜電有兩個關鍵要素，一個是電荷聚集，一個是放電。

那麼，空氣的乾燥程度是如何影響上述兩個關鍵要素的呢？第一，空氣的乾燥程度會影響體表和空氣的導電能力，乾燥的空氣水蒸氣含量低，導電能力差，使得體表的電荷不容易被導走而發生電荷聚集；第二，空氣的乾燥程度會影響電荷的不平衡分佈，當空氣濕度較高時，空氣中的水蒸氣附著在人體和其他物體表面，能一定程度上減弱由於摩擦或其他方式導致的電荷聚集，從而減少靜電現象。

23. 用指甲刀剪指甲的時候指甲為什麼會亂飛？如何避免？

我們的指甲一般都是有一定弧度的，但是仔細看一下指甲刀，雖然刀頭的形狀是彎的，方便我們修剪指甲的形狀，但兩個刀頭的前端還是處於一個平面的。所以在剪指甲時，有一定彎曲度的指甲會被壓平，當指甲被完全剪斷的一

瞬間，它恢復原來的形狀就會彈起來，然後撞到指甲刀的連接軸或其他位置就會到處亂飛。

如果不想被亂飛的指甲「封印」在垃圾桶旁，可以在洗完澡指甲比較軟的時候一點點剪，這樣指甲就不太會被彈飛；也可以在指甲刀刀頭的兩側貼上透明膠或用其他東西擋住，指甲沒了出路，只能乖乖地在指甲刀裡待著。等指甲剪完了再撕掉透明膠或用來擋指甲的東西，就能一次把指甲全都扔在一起，不用跑來跑去收集亂飛的指甲了。

24. 國中時老師說「固體傳聲效果比氣體好」，為何在實際生活中，坐在房間內，聽外面聲音很吵，關上窗戶聲音會小很多？這難道不是違背了「固體傳聲效果比氣體好」這句話嗎？

這兩者是不矛盾的。聲音是由物體振動產生的，聲源的振動先在其附近介質產生擾動，後者又推動它鄰近的介質，這個過程不斷重複，最終形成聲波，因此介質越是緻密，聲音傳播得越快。如果你想讓聲音傳播到很遠的地方，固體是很好的傳播介質。而生活中關上窗戶可以讓聲音變小，則是考慮了聲音在傳播過程中遇到不同介質的界面會發生能量的耗散，部分聲波會在界面反射帶走能量，只有一部分聲波可以穿過不同介質的界面繼續傳播。換言之，介質

的變化會導致聲波所攜帶的能量減少。這也可以解釋為什麼聲音在從氣體傳到傳聲效果更好的固體後,音量反而變小了。

▸▸腦洞時刻◂◂

01. 腳在沙發上摩擦就會覺得很暖和，那南極的企鵝用它的腳在冰面上摩擦也會覺得暖和嗎？

腳和沙發在摩擦的過程中，體內的細胞們努力工作使你的腿動起來，並加劇了沙發和腳上的各種分子的熱運動，內能增加，表現在皮膚上的感受就是溫度升高，因此我們感到溫暖。

企鵝們用腳摩擦冰面，雖然也會將自己體內的能量轉化為熱能，導致溫度有一定的升高，但在南極這樣惡劣的環境下，企鵝們讓自己感到溫暖可不是靠摩擦冰面。首先，它們最外層的羽毛向外輻射的熱量大於其吸收的熱量，導致它們身體表面的溫度低於環境溫度，但企鵝的身體上覆蓋的脂肪和羽毛可以減緩從皮膚表面流失熱量，保持體溫。其次，腳上沒有羽毛覆蓋的企鵝們進化出了特別的血液循環系統，使得腳部的血液溫度較低，從而減小和環境的溫差並減少散熱，同時還要保證溫度始終維持在冰點以上，進而保護自己的腳不被凍傷。

02. 住在幾樓蚊子才會少一些呢？真的是越高越好嗎？

　　一到夏天，蚊蟲大軍就開始蠢蠢欲動了。為了防蚊大家可說是什麼招都用了，但蚊子依舊生命力頑強。那麼，住高一點蚊子總飛不上去了吧？但事實是，高層住戶也依然被蚊蟲問題困擾。因為蚊子除了靠自己的力量飛上高層，還會採取一些繁衍策略並借助外力，使自身的生存空間不斷擴大。借助風力，蚊子甚至可以飛到幾百公尺的高度，然後在高層繁衍；或者蹭個電梯，走快捷通道到達高層，它們的下一代就可以飛到更高的空間。所以按正常樓層高度來說，即使住頂層也難逃蚊子的摧殘。不過，住在高樓層，只要注意保持房間衛生，肯定比周邊種滿花花草草的低樓層蚊子更少。但是如果社區裡種的都是豬籠草之類的食蟲植物，那麼蚊子隨樓層高度分佈的情況說不定就會反過來了。

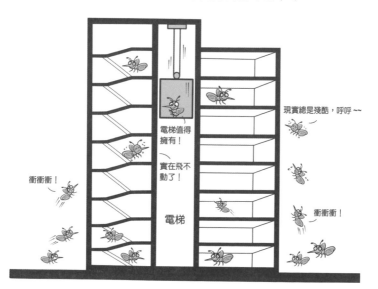

03. 燈泡為什麼呈梨形？

　　呈梨形的燈泡一般是傳統的鎢絲燈泡。這種燈在工作時燈絲溫度很高，金屬鎢會在高溫下昇華，附著在燈泡內壁上，因此將燈泡做成梨形，並充入少量惰性氣體，使昇華的鎢隨著氣體對流被卷到上方，附著在燈泡的頸部，便可保持玻璃透明，使燈泡亮度不受太大影響。而且，由於早期玻璃是吹製成的，從工藝上來說，這種形狀不僅易於吹製，也比較節省原材料。另外，梨形的表面有一定曲率，可以增加強度，承受較大的壓力。

04. 為什麼人無法穿牆？

　　在古典物理中，人之所以無法穿牆是因為牆體會給人一

個巨大的推力阻礙人的運動。更專業的說法是，牆形成的勢壘大於人的動能，因此，人無法穿牆。但是，在量子物理中存在量子穿隧，也就是說，即便是面對高於動能的勢壘，一個粒子也有一定的機率穿過勢壘，而不是像古典情形中那樣被完全反彈回來。但這是對單個粒子來說的，人是由超多粒子透過極其複雜的相互作用組成的，我們不能把單粒子情形中的結論直接拿來用，原則上我們也可以透過解薛丁格方程來計算人穿牆的機率，但顯然目前還沒有人能做到這一點。不過，根據我們的經驗，即使能做到人穿牆，機率也是極其小的，畢竟沒有人在實驗中做到這一點。

05. 怎樣的房屋結構可形成「繞梁三日」？或者說「回音」可維持多久？能否利用回音來長時間儲存聲音？

「繞梁三日」本意是用來形容音樂高昂激蕩，雖過了很長時間，好像仍在迴響。從物理上來看，這其實就是產生了回音和混響（reverberation），其本質都是聲音的反射，當然，「三日」在這裡有文學誇張的成分。

回音主要是由於發出的聲音在遇到障礙物後被反射，且與原聲的時間差大於人耳的解析度（200m/s），按聲速為340m/s計算，我們與障礙物的距離至少是34m。除了距離的要求外，對於障礙物的材質和安裝方式也有要求，畢竟聲

音要能反射回來我們才能聽到，所以在建築中如果想要聽到回音，建築物的材質就不能採用吸聲係數太高的材料。一般來說，這類材料有幾個特點：多孔、表面粗糙、厚度較大、空腔安裝等，劇院和大禮堂的牆做成凹凸不平的樣子就是為了減少回音的產生。如果需要吸聲係數較低的材料，則要求表面光滑、密度高、平齊安裝等。另外，產生回音要有足夠的聲壓級差，即某個反射聲的聲壓級必須比其他反射聲的聲壓級大，否則這個反射聲將被其他反射聲所湮滅，難以分辨。

除了回音，混響也在「餘音繞梁」裡起到一定的作用。混響是在聲源停止發聲之後，聲音在空間內多次反射形成的。不過這裡反射聲與原聲的時間差比回音要短，所以給我們的感覺不是聽到兩個聲音而是聽到尾音拖長的聲音，然後再減弱直至消失。在不同的建築中我們會根據實際需要來選擇不同的混響時間。所以用吸聲係數低的材料，保證表面光滑、安裝整齊且房屋面積足夠大就能聽到回音了。

聲音在不斷的反射和傳播過程中，聲波能量向四周逐漸擴散開來，能量的擴散使得單位面積上所存在的能量減小，導致聲音變得微弱；還有反射時反射介質的吸收，傳播過程中由於介質中存在顆粒狀結構（如液體中的懸浮粒子、氣泡，固體中的顆粒狀結構、缺陷、摻雜物等）而導致

的聲波的散射都會使聲波衰減甚至消失，所以上述這些因素的綜合作用決定了回音維持的時間。根據前面的描述我們也可以知道，利用回音來儲存聲音其實並不容易，擴散衰減、吸收衰減和散射衰減都對儲存聲音非常不利，所以利用回音長時間儲存聲音的想法很好，但是操作起來難度較高。

筆記本終於快翻到最後一頁，物理君沒想到小朋友居然能在家裡發現這麼多問題，看來埋頭做科學研究的自己真的忽略了不少生活中的物理知識。莫非自己穿越到這個世界是有什麼使命？

正想著，小朋友又拉拉物理君的衣角：「大哥哥，我還有最後三個問題，解答完這幾個問題，你就騎我的自行車到前面的梅納廣場去問問吧，那裡可能有人知道悟理學院怎麼走。」「太好了，快問吧！」物理君既有點回答上癮，又有點盼著快點到悟理學院找到回去原來世界的方法。

▶▶ 解鎖工具：自行車 ◀◀

01. 為什麼輪胎大多都是內附尼龍網的空心橡膠，而不做成實心的？

輪胎的主要材質都是橡膠，但因用途不同，其中作為支撐的內部材料也不同。我們生活中常見的輪胎，比如自行車、摩托車以及小轎車的輪胎，對承重要求較小，用尼龍是可以的；但是對於工程機械或者飛機等，其輪胎內則用鋼絲簾作為支撐。另外，輪胎中常用的支撐材料還有棉線、人造絲等。

其實輪胎在最開始是實心的，1845 年英國人湯姆生（William Thomson）發明了充氣輪胎，四十多年後的 1888 年，英國獸醫登祿普（J.B. Dunlop）用充氣空心胎減震，效果良好，充氣輪胎才開始普及，因此充氣胎的主要功用是減震。當然回過頭來看，充氣輪胎相比實心輪胎除了減震效果好的優勢以外，還具有重量較輕，易於更換，受到地面的阻力小，與地面接觸面積大等優勢。

02. 下雨天騎自行車,為什麼有些水往前甩,有些水往後甩?

　　雨天騎自行車,水會被車輪的旋轉從地面帶起來,繼而由於慣性脫離輪胎表面被甩到空中。向前或向後甩,則取決於水滴脫離輪胎表面的位置和角度。

　　不同位置的水甩的角度不同,但是總是沿著車輪切線的方向。不難看出,在水剛離開地面時,水被往後甩,在後半圈則被往前甩。這就是水甩往不同方向的原因。

03. 車輪可以是三角形嗎？

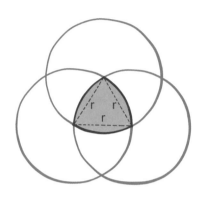

萊洛三角形

　　為了解答這個問題，我們先在這裡引入一種特殊的三角形——萊洛三角形（Reuleaux triangle）。三個等半徑的圓互相通過彼此的圓心，重合部分即為萊洛三角形（或者分別以等邊三角形的三個頂點為圓心，邊長為半徑作三段圓弧，圍起來的圖形就是我們圓滾滾的萊洛小三角了）。

　　這樣的三角形有一個很特別的地方，它的每一對平行切線間的距離都是一樣的。這一點和圓形是一樣的，也就是說它們在各個方向上的寬度是一樣的，因而像這樣的圖形也被稱為等寬曲線（當然，除了圓形和萊洛三角形之外還有很多其他形狀的等寬曲線）。人們可以利用萊洛三角形等寬的特點來運輸物品。

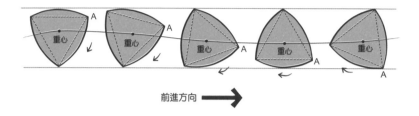

前進方向 ➡️

　　這樣看來，似乎用萊洛三角形做車輪也沒有那麼顛屁股。實踐是檢驗真理的唯一標準，那麼，用萊洛三角形做車輪的自行車騎起來感覺如何呢？答案是費力且顛簸。雖然將一塊木板放到萊洛三角形上確實可以做到平穩運輸，但騎車時並不是在車輪上放一塊木板這樣往前走，而是需要車輪繞軸轉動使得車往前運動，這就導致將等寬的萊洛三角形設計成車輪時會產生顛簸。萊洛三角形的軸心在運動過程中並不是固定在一定高度的，因此會產生顛簸，所以並不適合作為車輪。

吃東西的
物理

梅納廣場

物理君沒騎多遠就聞到了從美食廣場散發出來的香味，摸了摸肚子，已經餓癟了，薛小貓也無精打采地趴在物理君的肩上喵喵叫著。「看來你也餓了。」「喵嗚——」物理君加快了踩自行車的腳步。

到了梅納廣場門口，陶醉在美食香氣裡的物理君開始對薛小貓念叨：「蒜黃素，這是蒜泥的味道；辣椒素，這是小炒黃牛肉的味道……看來今天可以飽餐一頓啦！出發！」

物理君正想拍拍肩膀上的薛小貓，卻摸了個空。「咦！貓呢？」回頭一看，薛小貓不知道什麼時候不見了。物理君正疑惑著，突然聽見一聲怒喝：「快來人啦！抓小偷！」隨後薛小貓就從美食廣場裡躥了出來，嘴裡還叼著一根明晃晃的糖葫蘆。它兩步躍上了物理君頭頂，悠閒地舔了起來。

物理君還沒反應過來，迎面追來一位鶴髮童顏的老爺爺：「呔！那小賊！是你偷了我的糖葫蘆嗎？我宋老三縱橫梅納廣場幾十年，第一次被人偷了糖葫蘆！你說，怎麼辦！」

物理君急忙回答：「不是我偷的！是這隻貓偷的！」

「那就是你教唆這隻貓偷的！你說說怎麼辦！」

　　物理君百口莫辯，即使想賠人家，口袋裡也沒有錢，看他這個樣子，老爺爺開口了：「小夥子，我看你骨骼清奇，不像是偷偷摸摸之人，這樣，我有幾個問題，困擾了我好久，也不知道有生之年能否得到答案。你要是能夠答出來，今天這事就算了；要是答不出來，你就得接我的班，賣糖葫蘆，直到有人答出來為止。」

01. 為什麼燒水不會溢出來，煮粥就容易溢出來？

煮粥和燒水一樣，都會出現水的沸騰現象。所謂沸騰，就是指液體受熱超過其飽和溫度時，在液體內部和表面同時發生劇烈汽化的現象。燒水的時候，靠近容器底部的水會發生汽化，產生水蒸氣。這些水蒸氣會形成小氣泡並附著在容器底部的汽化位點上，隨著更多的水蒸氣進入小氣泡，小氣泡會越變越大，然後上浮，浮出水面的氣泡發生破裂，這就是我們所看到的燒水發生的冒泡現象。

煮粥的過程中，也會有類似的現象。但是由於粥比單純的水更黏稠，表面張力大，抑制了氣泡的上浮和破裂，因此氣泡就會聚集在一起，一同向上頂，從而發生溢出的現象。

02. 為什麼人們常說「開水不響，響水不開」？

在加熱一壺水的過程中，水的受熱是不均勻的，越靠近壺底（假設底部受熱）的水加熱得越快。此時水中的溫度也是不均勻的，當底部水溫達到汽化溫度（燒開了）時，其他地方仍未達到此溫度（沒燒開）。水壺底部產生的氣泡受到浮力的作用上浮，在上浮過程中與沒燒開的水接觸發生熱傳遞後，氣泡中的溫度會降低，進而導致氣泡內部的氣壓也大幅度減小。雖說隨著氣泡上浮，氣泡外部的壓力（水壓）也會變小，但是外部壓力的變化遠不如內部壓力變化劇烈。

氣泡內部的氣壓大幅減小，氣泡就會由於壓力差而縮小或者破裂，在水中產生劇烈振盪，這就是我們所說的「響水不開」。對水繼續加熱，直到整體水溫均達到沸點，此時水中的氣泡不會因為受冷而收縮，相反，氣泡在上升過程中外部壓力減小，會發生膨脹並迅速上浮，沒有明顯的振盪現象，即所謂的「開水不響」。

03. 為什麼蒸雞蛋有時會有小孔？

　　小孔是雞蛋液中的氣泡形成的。蒸雞蛋之前，需要把蛋液攪打均勻，攪拌之後蛋液表面會有一層浮沫，這就是氣泡。將它們用勺子舀掉可以讓蒸雞蛋更平滑。如果要求更高，攪拌蛋液時就要以熟水代替生水，因為熟水空氣含量更少，否則蒸蛋過程中高溫會使生水中空氣的溶解度降低，空氣跑出來後便會在蒸蛋內留下小孔。攪拌時按同一個方向攪，也是為了減少氣泡；除了舀走浮沫，還可以將蛋液過篩，濾走蛋液內氣泡，靜置一小會兒再上鍋蒸。

04. 稀釋麻醬時剛開始加水攪拌會越來越黏稠，再加點水攪拌就變稀了，這是為什麼？

　　2017 年有一篇論文討論過麻醬中的科學問題。主要的研究方法是將麻醬和不同比例的水混合，再測量它們的流變

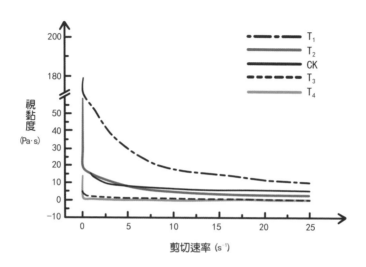

參數。這裡引用文章中的一張圖來解釋這個問題。

　　不同水量下麻醬的剪切速率和視黏度（apparent viscosity）之間的關係如圖所示。橫軸是剪切速率，越大對應攪拌越快，縱軸是視黏度，越大對應黏度越高。其中麻醬質量（g）與水體積（mL）的比例分別為 1:0.75（T_1），1:1（T_2），1:1.25（T_3），1:1.5（T_4），CK 為不添加水的麻醬。

　　從圖中可以看出，隨著攪拌速度的增加，麻醬的黏度逐漸降低。這說明麻醬是一種非牛頓流體，更準確地說是一種假塑性流體，具有剪切稀化的特點。同是非牛頓流體，不同水量下，麻醬的性質也略微不同。比如 T_1 的視黏度一

直大於 CK，這就是問題中所說的：倒了一點水後攪拌會越來越黏稠。如果水再多加一些，就會發現 T_2 的視黏度在低速的時候比 CK 大，在高速的時候卻比 CK 小；如果加的水更多，T_3、T_4 的視黏度一直比 CK 小。這就是問題中所說的「再加點水攪拌就變稀了」。

05. 為什麼在油炸食物時食物的外表會變成金黃色呢？為什麼變成金黃色就代表食物熟了呢？

　　油炸食物時，在長時間的高溫烹飪過程中會發生一系列化學反應。食物原料中游離的或組成澱粉的糖分子可以發生焦糖化反應：在加熱溫度超過它的熔點時脫水或降解，進一步縮合生成黑褐色產物。糖也可能和氨基酸發生相互作用，最終生成數百種顏色和風味極為複雜的化合物，這一過程被稱為梅納反應（Maillard reaction）。這兩種褐變反應都可以為食物帶來金黃色的外觀與複雜的香氣。

　　一般油炸肉類，下鍋前會沾一層乾麵包或麵糊，這層薄層可以避免肉的表面直接接觸到油脂，同時麵糊快速脫水形成好吃的脆皮，當肉沒炸熟時會流出汁液，脆皮潮軟，需要炸到油脂中不出現氣泡才能出鍋。將食物炸至金黃色則是考慮到加熱足夠時間，又不至於過度油炸產生致癌物質。

06. 蒸包子到底是上屜先熟還是下屜先熟？

關於這個問題有很多說法，直到 2004 年有人透過實驗證明：下屜先熟。

這是一個六層蒸籠的實驗結果，對最上層和最下層進行測溫如下表：

時間 / 分鐘	0	1	2	3	4	5	6	7	8
上層溫度 /℃	18	18	19	38	68	97	100	100	100
下層溫度 /℃	18	78	98	100	100	100	100	100	100

其中的原理也是直觀的：水蒸氣不斷地從底層向上輸運，所以底部先熱起來。有些觀點認為水蒸氣會跑到頂部聚集起來從而使得頂部的溫度高於底部，這是有問題的。水蒸氣並不是靜止、有限的，而是源源不斷地從蒸籠的底部補充。所以在蒸包子過程中，底部最先達到 100℃，而蒸了一段時間之後，蒸籠內的所有包子都會被加熱到約 100℃，不存在只加熱上層而不加熱下層的情況。

07. 為什麼鍋裡有未瀝乾的水時，用鍋燒油水會爆濺？為什麼加鹽可以避免爆濺？

　　炒菜過程中，經常會有油水飛濺。一種情況是，當鍋裡的油燒熱以後，向鍋中放入含水分的蔬菜時，會發生飛濺。此過程中，由於油的沸點高於水的沸點，鍋中的熱油溫度遠高於水的沸點，當少量水分突然滴入油的高溫環境時，水分迅速汽化產生水蒸氣進而形成氣泡，氣泡膨脹導致油水飛濺。

　　還有一種情況是，當鍋裡水未瀝乾時，在加熱油的過程

中時不時會發生飛濺，這種情況與第一種情況略有不同。鍋底未瀝乾的水分在油加熱的過程中，部分液滴由於缺少汽化核無法形成氣泡並在較低溫度時溢出，形成了不穩定的過熱液體。在油達到沸點沸騰時，由於外界環境的劇烈變化，過熱液體快速汽化引起飛濺，這個過程類似於液體的暴沸現象。在油中加入鹽的作用和沸石的作用幾乎相同，鹽不溶於油，作為雜質提供了汽化核，使得水分在較低溫度下形成氣泡逸出，防止其形成過熱液體並在油沸騰時造成飛濺。如果僅僅為了防止油的飛濺，建議在剛開始加熱時就放入少許鹽，若是等到油燒熱以後才加入鹽，是無法防止油飛濺的。

08. 為什麼白糖在鍋裡用油翻炒後會變色？

白糖在熱油中隨高溫熔化，顏色也隨時間的推移而逐漸變深褐色，其中主要的原因是焦糖化反應。雖然在我們的眼中，白糖在高溫下逐漸熔化，但事實上，在這裡熱量的傳導並沒有導致糖的相變，而是把它分解成新的東西——焦糖。白糖在高溫下（難以確定，有的僅僅在 165℃，有的則需 180℃）逐步脫水，從固態轉化為液態，但是它不會像水那樣蒸發成氣態，而是產生脫水聚合產物——焦糖，以及部分分解產物（主要是醛酮類化合物），一些分解產物進一步縮合聚合也會形成一些深色物質。最後這兩類產物的混合物共

同促成了糖色的最終形成。典型的焦糖化反應，通常一開始會形成濃稠的糖漿，然後慢慢變成淺黃色，再逐步變成黑褐色。這些糖一開始嘗起來是甜的，然後慢慢出現酸味和一些苦味，並散發出豐富的香氣。糖燒煮的時間越久，殘留的甜味越少，顏色越深，味道也越苦。

09. 為什麼用微波爐加熱饅頭，剛出來很軟但是過了幾分鐘就會變硬？

麵粉變成饅頭是澱粉糊化，冷藏以後饅頭會變硬是因為糊化的麵粉老化，用微波爐加熱饅頭是複熱過程。

微波是一種電磁波，可以穿透食物幾公分甚至更深，並使食物中的水分子隨之運動，劇烈的運動產生大量的熱能。

當我們把饅頭放入微波爐時，隨著加熱的進行，饅頭的澱粉逐漸糊化，此時的饅頭開始變軟。當我們持續加熱，溫度繼續升高時，水分子運動加速，水分散失速度加快，直至大部分水分被蒸發出去。當我們將加熱好的饅頭拿出來時，可以看到饅頭還是鬆軟的。但因為在加熱的過程中，饅頭內部的水分子加速運動，水分大量蒸發，所以靜置幾分鐘後，饅頭內部會快速變皺、變硬。不論用什麼方法蒸煮，饅頭涼下來的過程都會伴隨著澱粉的老化，逐漸變硬。饅頭的硬度也與複熱的方法、冷卻時的濕度環境和變溫過程有

關，還與麵粉中直鏈澱粉和支鏈澱粉的比例有關。

10. 為什麼「錫紙」放在微波爐裡會著火，放在烤箱裡面
　　就不會？

　　微波爐加熱食物和烤箱加熱食物的原理是完全不同的，它們加熱原理上的迴異才是出現不同現象的根源。

　　使用烤箱加熱和使用火焰加熱，在加熱原理上沒有不同，雖然烤箱加熱是用電的，但是熱量都來自電熱效應。「錫紙」雖然叫「錫紙」，實際上是鋁箔，點燃鋁箔所需要的溫度遠遠超過烤箱所能加熱到的最大溫度，所以說使用烤箱點燃「錫紙」是不可能的。

　　微波爐對食物進行加熱的原理則完全不同。微波能夠引起食物內的極性分子（主要是水分子）振盪，而把鋁箔放入微波爐加熱，由於鋁箔是金屬導體，它會試圖遮罩所有的電磁波。在進行電磁遮罩的時候，它會快速地改變自身表面的電荷分佈，在金屬表面產生（快速並隨時間變化的）電荷（分佈）以抵消外部電磁波的侵入。這些在金屬表面的電荷就有可能向空氣放電（在金屬的尖端尤為明顯），這些短暫的放電有可能產生短暫的高溫（或者電火花），從而看起來像是「燃燒」。

11. 為什麼用微波爐加熱冰糖塊後會很好掰開？

　　微波爐主要利用高頻振盪電磁波使食物中的極性分子（液態水和油類的分子）振盪，在不引起分子內部結構改變的前提下達到內能增加（加熱食物）的目的。冰糖是蔗糖經過加水溶解等一系列操作，冷卻結晶得到的，內部會含有一些結晶水。微波爐加熱冰糖時，冰糖內的結晶水發生振盪，內能增加，使得冰糖塊與冰糖塊之間出現蔗糖水。蔗糖水的出現讓冰糖塊之間的固固接觸變成了固液接觸，因而冰糖塊就很容易被掰開。

12. 為什麼雪糕吃起來比較軟，冰塊吃起來比較硬？

　　冰塊幾乎是一塊完整晶體，其分子有序地排列，並透過氫鍵相連。溫度越低，冰的硬度越高，在零下 50℃ 時，冰的莫氏硬度甚至超過了鋼鐵。相比之下，雪糕則不是一大塊完整的冰晶體，其內部有牛奶、奶油、糖等各類美味的「雜質」，它們不僅可以帶來各種風味，而且可以使冰晶更小，提高口感。此外，雪糕內部還有許多微小的氣泡，這些氣泡使雪糕疏鬆多孔，口感綿密。正因為雪糕內部有美味的「雜質」以及許多小氣泡，所以雪糕沒有單晶的有序微觀結構，自然比冰塊鬆軟許多了。

太……太硬了！
為什麼受傷的總是我……

13. 為什麼用微波爐加熱整個雞蛋會炸，但是如果把雞蛋攪散了再放進微波爐就不會炸？

　　在解釋這個問題之前，我們首先來複習一下微波爐加熱食物的原理（想不起來的請翻回問題 10）。當我們直接把整個雞蛋帶殼一起放進微波爐中加熱的時候（危險操作，請勿模仿），雞蛋內部的水被加熱汽化，但由於有外殼，水蒸氣不能逸出，會導致雞蛋內部壓力增大，當壓力超過蛋殼的承受極限時，雞蛋就會變成「炸蛋」（不帶殼但是蛋黃完整的生蛋也不可以直接加熱）。

　　但是把雞蛋攪散了再進行加熱，或是把煮熟的雞蛋扎幾個孔，使水蒸氣可以逸出，壓力得到釋放雞蛋就不會炸了。

　　不只是雞蛋，很多帶殼帶皮的食物比如葡萄、番茄等放進微波爐直接加熱都會有爆炸的危險，所以大家在使用微波爐的時候，不要圖方便而把整個雞蛋放進去加熱。「炸蛋」有危險，加熱需謹慎。

14. 為什麼鹹鴨蛋的蛋黃一般都比蛋白的味道淡一些？

　　食鹽透過蛋孔作用於蛋白膜，而蛋白膜是一種半透膜，離子可以自由通過。在高滲透壓下，氯離子和鈉離子通過蛋白膜進入蛋白內。當蛋白內的食鹽濃度達到一定程度時，食鹽在蛋黃膜表面產生強大的滲透壓，鈉離子和氯離子經過這層膜進入蛋黃內。蛋內的食鹽含量隨著醃製時間的延長而增加，蛋白含鹽量增加的幅度尤其大；而鈉離子和氯離子是經過蛋白向蛋黃擴散的，加之蛋黃因脂肪含量高，會阻礙食鹽的滲透和擴散，於是蛋黃含鹽量相對蛋白較低。所以鹹鴨蛋的蛋黃一般沒蛋白那麼鹹。

15. 為什麼微波爐不能做蛋撻？

　　蛋撻說白了就是一種以蛋漿做成餡料的西式餡餅，只是其餡料外露而已，只考慮製作蛋撻的原材料的話是完全可以放到微波爐中加熱的。與微波爐不相容的其實是蛋撻最外面那層用「錫紙」做的托。像「錫紙」這類金屬材料是不可以

放到微波爐中加熱的，在微波加熱的過程中，由於金屬的電磁遮罩導致電荷重新分佈，可能會引發放電，產生電火花，使得在使用微波爐的過程中產生危險。所以，將最外面的「錫紙」托換成絕緣材質的托，就可以避免上述風險。另外，在製作蛋撻液的時候還是要按照各種食譜提供的成分和比例來放，不要自己加一些奇奇怪怪的東西，而且最後倒進蛋撻皮裡的時候不要倒得太滿，否則你的蛋撻液可能會被炸飛……

16. 吸田螺時，為什麼有時候吸不出來？怎麼吸能省力？

為什麼有些螺肉不好吸呢？這是因為在烹製田螺之前沒有剪掉田螺的尾部，所以我們吸不出來；另一方面，田螺熟了之後螺肉就會縮小，但如果炒田螺時火候不夠，肉也沒有脫殼，吸的時候就會一直吸不出來。所以，想要省力地吸出螺肉來，在烹製時就要注意提前剪去田螺的尾部，用大火翻炒，這樣就能輕鬆地吸出田螺啦。

17. 吃冰棒時用力地吸為什麼會感覺更甜一些？

解釋這個問題需要用到材料領域中「相」（Phase）的概念。所謂「相」就是系統中物理性質和化學性質完全均勻的部分。純淨水把糖、色素溶解，形成溶液，因為溶液是均一

穩定的混合系統，所以這個溶液系統就是一種「相」。可是將這一溶液凍成冰棒後，冰棒就不是一種相了，至少會有兩種相。這是因為色素和糖在水中的溶解度大，在冰中的溶解度小，將溶液冰凍的時候，溶液中的水大量析出結冰，而色素和糖則基本上留在未結冰的水中，形成高濃度的糖水。糖水存留在疏鬆的冰的空隙中。高濃度的糖水的凝固點比較低，所以它在冰棒中幾乎以液體的形式存在。用力吸一口冰棒的時候，你吸到的其實是高濃度的糖水，所以就會覺得更甜了。細心觀察其實可以發現，用力吸一口，冰棒上的顏色會淡不少，這是你把糖水中的色素也一塊兒吸走了的緣故。

18. 剛拿出來的冰棒為什麼會「仙氣飄飄」？馬上舔一口為什麼會有舌頭要被粘住的感覺？

因為冰棒的溫度很低。取出冰棒後，冰棒快速降低了周圍空氣的溫度，周圍空氣中的水蒸氣因此而冷凝，形成大量小水滴微粒，這些小水滴微粒可以散射可見光，降低能見度，看上去就好像飄著雲霧一樣。天上的雲朵也是類似的原理，都來自水蒸氣冷凝形成的小液滴群。

舔一口有粘住的感覺，其實就是因為被粘住了。人的舌頭表面是含水的，這些水在接觸到寒冷的冰棒時，被快速地奪走熱量，或多或少地被降溫甚至凝固了。就好像冰把人的

舌頭和冰棒粘在了一起一樣，所以可以給人粘住的感覺。不過冰棒溫度還不算低，吃冰棒並不會產生危險，如果是溫度更低的物體（尤其是熱導率高的金屬），千萬不要用皮膚直接接觸哦，否則會被凍傷的。

19. 牛奶為什麼能解辣？還有什麼能解辣嗎？

要知道牛奶為什麼能解辣，首先要知道我們為什麼會感受到辣。與酸甜苦鹹鮮等味覺不同，辣其實是一種痛覺。在辣椒等蔬菜中有一種化合物叫作辣椒素，當人體攝入辣椒素後，辣椒素會和神經元上的辣椒素受體 VR1 結合，然後神經細胞會分泌一種叫 P 物質的神經肽，這種神經肽與痛覺傳遞有關，透過化學反應產生痛覺，從而使人產生一系列壓力反應。

而牛奶能解辣就在於牛奶中的酪蛋白能快速與辣椒素結合，阻止辣椒素與 VR1 的結合，且二者結合後的產物不會刺激消化道，這樣就達到了解辣的效果。除了牛奶之外，冰淇淋也能有效解辣。喝冷水吃冰塊都不能達到解辣的目的，反而會加快辣椒素的擴散，但是不要為了找藉口吃冰淇淋就去吃超出自己辣度承受範圍的火鍋哦，否則你第二天會後悔的。

20. 喝茶的「回甘」是怎麼回事？

不知道大家有沒有這樣的感受，喝茶的時候，入口微苦，細品之後卻發現帶甜，也就是所謂的「回甘」現象。

茶葉中的茶鹼、茶多酚就是這苦味的來源，而喝茶的時候我們經常能聞到的香味，則來源於茶葉中含有的糖苷類物質。這種物質在口腔中會發生水解反應，產生糖和苷元（香氣分子）。而水解產生的糖就是回甘的由來。此外，茶葉中本身就含有糖類和氨基酸，也是其甜味的來源。當然，這現象也和每個個體口腔對味道的敏感程度有關。

21. 為什麼有些碳酸飲料放在冰箱冷凍會凍成冰，有些會變成冰沙？

其實決定冷凍後碳酸飲料狀態的要素不是飲料的種類，而是冷凍前飲料瓶內的氣壓。如果冷凍前瓶內的氣壓和外界一致（一個標準大氣壓），那麼當外界溫度低於飲料的凝固點時，經過足夠長的時間，飲料將從液態變為固態。如果在冷凍前晃動飲料瓶，那麼溶解於碳酸飲料中的二氧化碳就會被釋放出來，瓶內的氣壓將高於外界，這會使飲料的凝固點下降，低於 $0°C$，所以這時候的碳酸飲料溫度即使處於 $0°C$ 以下，也依然是液態的。如果將 $0°C$ 以下的碳酸飲料的瓶蓋擰開，瓶內壓力驟降，這時候碳酸飲料的凝固點提升到 $0°C$

左右，但此時碳酸飲料卻是以低於 0℃的液體形式存在，這種溫度低於自身凝固點的液體叫作「過冷液體」。過冷液體不穩定，稍微有些擾動就會結晶。晃動過冷的碳酸飲料（相當於施加一些干擾），它就會馬上凝固形成冰沙。用這種方法製作冰沙要注意的一點是碳酸飲料不能冷凍得太久，不然也是會凍成冰的，要摸索一下冷凍的時間，讓碳酸飲料的溫度低於 0℃又不結冰。還需要提醒一下，搖晃碳酸飲料的時候不要用力過猛，以防瓶內壓力過大產生危險。

22. 為什麼蜂蜜不會壞掉？

　　食物腐敗是由於細菌和真菌（分解者）的分解作用。但無論是細菌還是真菌，都具有細胞膜結構，這層膜分隔細胞內部與外部環境，負責細胞與外界的能量和物質交換。細胞膜具有選擇透過性，只有特定的物質才能穿過這層膜進出細胞；細胞膜上有特定蛋白質做門衛，用來識別想要進出細胞的物質。水可以自由進出細胞，並總是傾向於往水少的地方、也就是滲透壓高的地方流動。蜂蜜的主要成分是糖，含量超過 70%，水的含量不超過 25%，具有很強的滲透壓，細菌和真菌無法生存，沒有細菌和真菌，蜂蜜自然可以不腐。儘管理論上蜂蜜可以長期保存，但還是建議要儘快食用哦，畢竟蜂蜜這種美味乾放著實在是對不起味蕾啊！

23. 可以用肥皂代替洗潔精來洗碗嗎?

肥皂的主要化學成分是硬脂酸鈉,這是一種表面活性劑。洗潔精的主要成分也是表面活性劑,只不過它的成分和配方更複雜。

和肥皂比起來,洗潔精更耐硬水 —— 不容易和水中的鈣、鎂等離子發生反應生成皂垢。另一方面,肥皂通常是固形物,較難溶於水,且容易殘留;而洗潔精本就是水溶液,所以用起來方便。除此之外,(普遍意義上的)肥皂原本就不是為了洗碗而設計的,而洗潔精的專用性會有更好的清潔品質保證。

24. 為什麼粥和牛奶在加熱後又冷卻時會在表面形成一層膜?

這層膜就是我們常說的粥皮和奶皮。首先,我們從粥和牛奶的成分入手,米粥的主要成分是澱粉,而牛奶則主要由水、蛋白質、脂肪、乳糖等組成。

牛奶中的脂肪是不溶於水的,需要蛋白質將脂肪包裹住,形成乳液。我們喝的牛奶通常會經過一些處理,使脂肪球變得相對較小,這樣覆蓋在脂肪球表面的蛋白質膜的張力就不會很大,牛奶長期存放也不會分層。將牛奶加熱後,原本較為穩定的脂肪球結構瓦解,脂肪和蛋白質會散開、

上浮,蛋白質相互交聯在一起形成膜,脂肪吸附在蛋白質膜上,形成我們所說的奶皮。

　　粥皮的主要成分是澱粉。煮粥的時候,澱粉受熱吸水,發生糊化;而粥冷卻的時候,表面水分散失,導致澱粉鏈間距變小,從而形成網狀的澱粉膜,這一層膜就是我們所說的粥皮。這個過程和紙張的乾、濕同樣都是大分子和水之間的作用產生的結果。

25. 為什麼綠豆湯放久了會變紅?

　　綠豆湯的顏色變化不是因為綠豆的品質有問題,也不是因為綠豆煮著煮著悄悄地變成了紅豆,而是緣於其中的一種多酚類物質。這種物質很容易在外界條件影響下發生氧化、聚合等反應。如果水質呈酸性,那煮出來的湯大概率是綠的;如果水質呈鹼性,則湯更容易變紅。且多酚與金屬離子反應也會帶來顏色的變化。可以簡單地記為「酸綠鹼紅」。此外,有研究表明,氧氣也是促進多酚類物質反應的條件之一,所以也有人發現,開蓋煮湯、煮得太久或者煮完放涼時,湯也會變紅。

26. 粥或者麵放得稍久就會變糊,這是個可逆過程嗎?

　　粥和麵的主要成分是澱粉,澱粉是高分子碳水化合物,

由葡萄糖分子聚合而成，分為直鏈澱粉和支鏈澱粉兩種。

　　直鏈澱粉以結晶的形式存在，形成螺旋狀的線團。將澱粉放入水中，澱粉顆粒開始吸水膨脹；將澱粉懸浮液加熱，達到一定溫度後，澱粉顆粒會突然迅速膨脹；繼續升溫，澱粉顆粒膨脹的體積可達原來的幾十倍甚至數百倍，懸浮液變成半透明的黏稠狀膠體溶液，這種現象就是澱粉的糊化。澱粉發生糊化現象的溫度稱為糊化溫度。這個過程中，直鏈澱粉晶體結構被破壞，螺旋結構解體，顆粒膨脹，加熱時顆粒繼續溶脹，擴散到澱粉顆粒之外；糊化時包含支鏈澱粉的顆粒破碎，被直鏈澱粉擴散形成的基質包裹形成膠狀物。

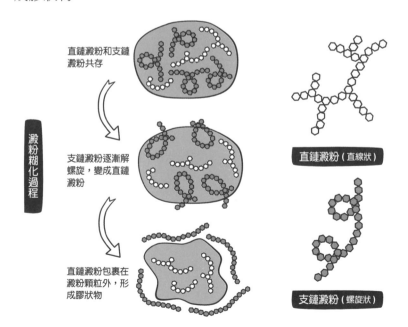

澱粉糊化存在逆過程。糊化的澱粉在稀糊狀態下放置一定時間後會逐漸變渾濁，最終產生不溶性的白色沉澱；在濃糊狀態下則形成有彈性的膠體，一般被稱為澱粉的老化。這個過程中，已經溶解膨脹的澱粉分子透過氫鍵重新排列組合，形成了類似天然澱粉結構的物質。但需要注意，老化過程形成的澱粉是不易溶於水的，不能再進行糊化。主要原因是澱粉分子透過氫鍵連接，無法再形成類似直鏈澱粉結晶的螺旋結構。

從嚴格可逆過程的角度分析，只有找到一種方法使澱粉和環境恢復原狀，同時環境中沒有能量耗散，才能認定為可逆過程。老化並沒有使系統完全恢復原狀，同時在澱粉糊化過程中，對澱粉加熱的過程具有能量耗散，因此這個過程是不可逆的。

27. 生雞蛋和熟雞蛋在光滑的盤子上自由轉動，哪個先停？

生雞蛋先停。當生雞蛋和熟雞蛋以相同的角速度開始轉動時，熟雞蛋的蛋白、蛋黃和蛋殼是一個整體，會繞著軸一起轉動；而生雞蛋內部的蛋白、蛋黃這些液狀物隨著蛋殼的轉動開始轉動，慢慢開始具有速度，所以熟雞蛋具有的能量更大，旋轉得更久。此外，生雞蛋內部具有流動性，其內部

在旋轉後會開始搖晃，使雞蛋不再繞初始轉軸轉動，所以會更快地停下來。

28. 為什麼跳跳糖遇水才會跳？

這其實與跳跳糖的生產工藝有關。跳跳糖所使用的配料與那些普通的糖果並沒有區別，都是將製糖的各種原料混合加熱，做成濃郁的熱糖漿。但不同的是，製作跳跳糖時糖漿裡加入了高壓二氧化碳，二氧化碳氣體會在糖裡形成細小的高壓氣泡。在糖塊冷卻之後釋放壓力，糖塊碎裂，但碎片中仍含有高壓氣泡，你可以透過放大鏡看到它們。跳跳糖接觸到水時開始溶解，封裝小氣泡的小空間外壁就變得脆弱，這時候裡面的二氧化碳就跑了出來，推動跳跳糖進一步開裂並「跳」起來，在我們的嘴裡形成微小的爆破，發出劈裡啪啦的聲音。這就是我們感覺跳跳糖像小精靈一樣在舌頭上跳舞的原因啦。

29. 免洗筷子放入碳酸飲料中，筷子周圍會有大量氣泡，請問這是化學反應還是物理現象？

將免洗筷子插入碳酸飲料中，可以看見有氣泡附著在筷子周圍，這主要是物理現象。免洗筷子的表面粗糙不平，有很多小孔和凹槽，這些小孔和凹槽內存有空氣，當把筷子

插到碳酸飲料中時，這部分空氣就逸出小孔，附著在筷子表面。此外，碳酸飲料中還含有大量的二氧化碳，把筷子插到碳酸飲料中會給二氧化碳的析出提供新的表面，成為氣體析出的「核」，飲料中的二氧化碳可以依附在上面析出。其實平時我們也可以看到，剛買的碳酸飲料瓶壁上會有小氣泡附著，這也是因為瓶壁可以提供二氧化碳析出的「核」。

免洗筷子

30. 泡泡糖為什麼比口香糖吹的泡泡大？

泡泡糖與口香糖統稱為膠基糖，基本成分都是甜味劑、香味劑、軟化劑以及膠基。膠基，就是以食用級橡膠或者塑膠等高分子材料為主要成分的混合物。當你把糖等溶於

水的小分子都吃掉以後，嘴裡就只剩下那些寡淡無味的膠基了。早期，膠基裡面的高分子一般採用天然樹膠等高分子，但是由於產量太低，無法滿足生產，後來就幾乎全部採用合成高分子了。而口香糖膠基和泡泡糖膠基的主要區別就在於天然樹膠的使用量。使用的膠基不同，比例也不同，口香糖和泡泡糖吹出的泡泡大小也就不同了。口香糖因為含樹膠量少，其膠基的粘連性很差，所以通常吹不出大的泡泡來。

31. 為什麼牛奶做的乳酪加熱後會融化，而豆漿做的豆腐卻不會？

　　乳酪和豆腐的製作過程都是從液態經過一定的處理方式變成固態，但從液態到固態並不都像水結冰那麼簡單，這也導致了二者在加熱後的不同變化。

　　製作乳酪的過程和優酪乳有些類似，都是讓鮮奶發酵，乳酪基本可以看作是濃縮發酵的牛奶。對鮮奶快速進行巴氏殺菌後加入發酵劑，使鮮奶中的乳糖轉變為乳酸，當達到適當的酸值時，加入凝乳酶，使蛋白質變性形成凝膠狀的網路，將脂肪和液體固定在其中，避免和乳清一起流出，然後將其擠乾或用其他辦法乾燥後，一塊乳酪基本上就做好了。當對固態的乳酪進行加熱時，凝固的脂肪開始融化，繼

續加熱，酪蛋白纖維斷裂，整個蛋白質結構開始鬆散，就形成了乳酪的融化。但注意，此處的融化也並不是恢復到鮮奶那樣的狀態。

豆腐的製作並不是靠發酵，而是靠破壞膠體穩定性，使膠體粒子凝聚。凝聚指的是向膠體中加入電解質溶液時，加入的陽離子（或陰離子）中和了膠體粒子所帶的電荷，使膠體粒子聚集成較大顆粒，從而形成沉澱從分散系裡析出，形成固體。加熱並不能讓聚集的膠體粒子分散成原來的小尺寸，反而會使膠體能量升高，膠粒運動加劇，碰撞更加頻繁，減弱膠體的穩定性，導致膠體凝聚。事實上，豆腐本身是凝聚產生的沉澱物質，因而不會像乳酪一樣變回豆漿那種液體狀態。

32. 如何才能從娃娃機裡夾到娃娃？

玩過抓娃娃的朋友們都知道抓娃娃主要分為以下幾個步驟：投幣、抓取和運送。而抓娃娃的困難點就是抓取和運送，這裡我們唯一能利用的工具就是娃娃機裡的那個爪子。

爪子的位置和抓取力是決定我們最後是否可以成功抓到心愛的娃娃的關鍵。通常在放下爪子之前，我們需要在娃娃機的各個方位進行觀察，來確定爪子的位置是否對準了想抓的娃娃，如果只從正面看，我們對於爪子前後的位置分辨可

能會出現誤差，導致抓不到娃娃。不過只要位置找準了，基本上都能抓到娃娃的大半個身子或者腦袋。但是，即使位置找得再完美，爪子抓不住娃娃也是徒勞。商家通常會透過電壓和一些程式調整爪子的抓取力，比如剛抓起來的時候抓取力比較大，在運送過程中抓取力比較小，導致明明抓起來了卻送不到出口，這也會讓我們產生一種下一次就能抓到的感覺，然後不斷嘗試。面對仿佛得了重症肌無力的爪子，我們能做的就是透過嘗試掌握爪子抓取力的規律，只要不是全程「肌無力」的爪子，我們把握時機，盡可能在爪子的抓取力還比較大的時候平穩地把娃娃送到出口就好啦！

當然，實際操作起來其實還是有相當難度的，而且不同娃娃機的爪子設置不同，也許這台機器上的規律換個機器就不適用了，所以最好的辦法就是抓離出口近的「幸運兒」。只要抓起來，讓運送過程盡可能短，就有機會得到娃娃。如果出口附近沒有合適的娃娃，也可以多嘗試幾次，把喜歡的娃娃慢慢地送到出口。

▶▶ 腦洞時刻 ◀◀

01. 微波爐能加熱食物，那有沒有能製冷的微波呢？

　　微波爐加熱的原理是，爐中的磁控管將電壓轉換成高頻振盪的電磁波（一般是 2.45GHz 頻率的微波），食物中含有的電極性分子（液態水和油類）會隨振盪電場一起振動，分子不斷變換方向，並影響鄰近分子，使整個分子集體振動，內能增加，從而達到加熱的目的。一句話總結，微波能夠加熱食物是因為能夠透過電磁場加劇分子振動，達到增加內能的結果。

　　那麼微波能使運動減緩嗎？答案是否定的。那麼有使原子運動減緩的光電技術嗎？我們常說的雷射冷卻（利用光子撞擊原子從而達到減速效果，本質就是入射的光比出射的光能量低，能量差需要物質降溫來提供）就可以減緩原子運動，這項技術和獲得 2018 年諾貝爾物理學獎的光鑷技術相關，不過雷射製冷目前仍然難以冷卻像食物這麼龐大的系統。

02. 為什麼冰箱是個櫃子，而冰櫃又是個箱子？

　　要說清楚這個「誤會」，需要追溯一下冰箱和冰櫃是在什麼情況下被命名的。實際上中國古代很早就有了「冰箱」，只不過不用電，而且最初它們也不叫冰箱，而是叫「冰鑒」。所謂「冰鑒」，就是冬天的時候儲存好冰，夏天把食物放在其中用於保鮮的容器，它同時還可以散發冷氣，幫室內降溫，達到冰箱加空調的雙重作用！

　　「冰鑒」這個名字一直持續用到清朝，直到乾隆皇帝時出現御製的掐絲琺瑯冰箱，才將「冰鑒」更名為冰箱。此時的冰箱是符合我們的認知的。中國的傳統中「臥為箱，立為櫃」，箱一般是躺著放置並且從上面開門的容器，而櫃則是立著放置（一般有腳）的從側面開門的容器，很少有容器違背這個原則，可見最初的冰箱確實是箱子！實際上，在電冰箱出現之前，西方也有類似冰鑒的東西，製冷原理也差不多。

　　關於現代意義的電冰箱的發明時間，人們說法不一，常見說法是 1923 年瑞典工程師巴爾澤‧馮‧普拉東（Balzer von Platen）和卡爾斯‧蒙特斯（Carls Munters）發明了第一台電冰箱。大約在 1940~1950 年，電冰箱（櫃子形狀）傳入中國，當時的人們一看，這功能和我們的冰箱不是一樣的嗎？所以為了方便（懶得改口），即便它本身是櫃子形狀，

依舊取名為「電冰箱」。為什麼帶一個「電」字，一方面可能是因為當時使用電的東西並不多（實際上很多用電的東西名字都帶了「電」「機」這類字眼），另一方面當時本土已經有了不用電的冰箱，後來者稱為電冰箱也算自然。

第一台家用冰櫃出現的確切時間已很難考證，但可以確定出現在冰箱之後。冰櫃耗能比冰箱大許多，最初是給商場之類的地方使用。箱子形狀的冰櫃傳入中國的時候，人們才意識到，這才是名副其實的「電冰箱」，但是冰箱的名字已經被那櫃子一樣的東西給搶走了，重新改名已經不便，再考慮到一般這種閉合的容器都是稱為「櫃」或者「箱」，無奈只能稱其為冰櫃了。

可見，是傳入時間不同導致冰箱和冰櫃名不副實，相信如果這兩個產品同時傳入中國，叫法會完全相反。

　　「我果然沒看錯，小夥子問題答得不錯，讓我這老頭子終於也活了個明白，糖葫蘆我就送給你啦！」老爺爺開心得眉飛色舞。

　　「咕嚕……」看著薛小貓啃糖葫蘆，物理君的肚子叫得更起勁了，光顧著解答問題，還沒吃飯呢！想到這裡，物理君辭別了老爺爺就想往美食城裡面跑。

　　「慢著小夥子，其實我還有個兄弟是這美食城的食材供應商，關於製冷和冰箱冰櫃他也有問題需要解答，我帶你去找他，保證你好吃好喝。你想去悟理學院，我也給你指條明路，我孫子讀的就是悟理學院附中，到時候讓我兄弟借車給你，你去那裡看看，也許能找到什麼線索。」

►►解鎖工具：汽車◄◄

01. 馬路上的減速帶通常弧度是多少？汽車速度達到多快
　　會因減速帶而飛起來？

　　想要知道減速帶的弧度，首先要知道減速帶的規格與截面形狀。規格上，減速帶的寬度一般為 300mm 或 350mm，厚度一般為 30mm、40mm 或 50mm；截面形狀有等腰梯形、圓弧、正弦線、拋物線等。下面以等腰梯形和圓弧兩種減速帶截面為例計算弧度。

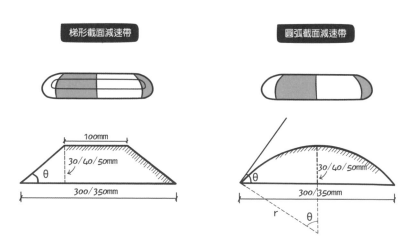

顯然，當截面寬度為 350mm、高度為 30mm 時，弧度最小；當截面寬度為 300mm、高度為 50mm 時，弧度最大。透過計算，截面為等腰梯形時，$13.50° \leq \theta \leq 26.57°$；截面為圓弧時，$19.46° \leq \theta \leq 36.87°$。可見，減速帶的弧度會因為規格和截面形狀不同而在不同的範圍變化，平均為 20° 以上。

接下來討論關於汽車「起飛」的問題。高速行駛的汽車前輪先通過減速帶的頂端並飛離地面，車頭先向上揚起再回落至地面；若前輪落地前，後輪已經通過減速帶的頂端，汽車就能完全騰空。

假設汽車質量 m = 1500kg、軸距（前後輪間距）= 2.5m，通過一個寬度為 0.3m、厚度為 0.05m、截面為等腰

梯形的減速帶。視汽車為剛體（與減速帶碰撞時不產生形變），到達減速帶前以較高的速度等速行駛。

在汽車前輪進入減速帶至到達頂端的過程中，垂直方向可視為等加速運動，可算出垂直方向加速度和前車輪到達減速帶頂端時垂直方向的速度。而後汽車處於單輪著地的「槓桿」狀態，根據角動量定理和轉動定理，可解出汽車行駛速度為 10km/h。

這麼慢的速度就能讓汽車「起飛」？我讀書少你別騙我！分析時假設汽車不產生形變，但實際過程中車胎以及與車胎連接的懸掛系統皆有彈性，能產生很好的減震效果，這才使得現實生活中速度較快的車在駛過減速帶時沒有「起飛」。考慮減震系統後的「起飛」速度與汽車的減震性能密切相關，道路千萬條，安全第一條，一般而言，汽車過減速帶時在人口密集的地方速度應控制在 10 ～ 20km/h，人口不是很密集的地方應該控制在 15 ～ 35km/h。

02.「汽車開空調會導致發動機產生的一氧化碳等廢氣進入車內」是真的嗎？汽車開空調時要不要打開外迴圈按鈕？

汽車空調採用了兩種迴圈模式——內迴圈和外迴圈，雖然都可以調節車內的溫度，但是它們之間有一些區別。內迴

圈保持空氣只在汽車內部迴圈，而外迴圈則會引入部分車外的空氣。空調的空氣循環系統通常和氣缸裡的氣體循環系統是完全分離的，理論上並不會引入汽車燃燒的廢氣。但是，為什麼我們實際使用的時候有時會感覺外迴圈讓車內空氣變渾濁了呢？那是因為在開啟外迴圈之後，外界的空氣可以進入汽車內部，會無法避免地將其他汽車排出的尾氣引入車內。總的來說，外界空氣不乾淨的時候，最好不要使用外迴圈。

但是也千萬不要一直只使用內迴圈，人的呼吸總會逐漸消耗汽車內部的氧氣，如果一直不開啟外迴圈，汽車內的氧氣會慢慢地被消耗掉，而又無法透過外迴圈來補充，最後甚至有可能引起窒息。所以，大家開車時一定要注意及時使用外迴圈或者開窗換氣。

03. 為什麼在我不叫計程車的時候，周圍一看全是空車，而到我叫車的時候空車卻一下變少了？

以北京為例，在上下班的高峰期道路會比較擁擠，但並不是全城都處於擁擠狀態，而是在極個別道路上擁擠非常嚴重，有些道路則沒有那麼擁擠。也就是說，同一時刻在不同的地方，或者同一地方的不同時刻，車流量是不同的。常年開計程車的老司機對此已經有經驗了，知道什麼時候該去哪

片區域載客。因此，問題首先由於計程車的分佈本就存在地區性、時間性差異而產生，在你確實需要叫車的時候，整體上的叫車需求也很高，所以你會覺得叫不到車。

其次，這當中也包含了心理學因素。當你不需要叫車時，一方面，你可能是在不緊不慢地「壓馬路」，此時時間的流逝對你來說沒有那麼敏感；另一方面，空車亮著的標記牌使你更容易發現它，所以你的觀察實際上就存在偏差，因為很多載客的車被你忽略掉了。當你想叫車時，你的注意力會集中在每一輛路過的計程車上，之前被你忽略掉的載客的車就能夠被看見了；而當你著急地想前往目的地時也會覺得時間漫長，因此就會更加覺得車難叫。

學校裡的
物理

悟理學院附中

　　物理君停好汽車，到了學校門口，迎面走來一個人，看起來是個老師。物理君正想問路，卻發現他滿面愁容，簡直和自己實驗做不出結果時一樣。懷著一絲同情，物理君走過去：「您是這裡的老師嗎？我想問……」「問問問，學生天天問，怎麼大人也要問呀！」對方哭喪著臉回答。這一下就冷場了，正當物理君不知所措時，「喵喵！」薛小貓跳上老師肩頭，用貓爪拍拍他的臉，老師回過神來：「唉，實在不該這個態度，你要問什麼呢？」

　　「我想問的是……，我看倒是您更需要解決問題啊！」物理君熱心地說，「就像力的作用是相互的一樣，人與人之間互幫互助才好嘛！」老師見狀就將苦水全都吐了出來：「我是悟理學院附中的物理老師，為了活躍課堂氣氛，我經常讓學生們自由提問，可是沒想到他們提的問題越來越多，也與考試越來越無關，雖然發散思維是好事，可我平時還要備課、出題、改考卷，哪裡有時間一個個解答呢？我答了又答，可黑板上還是問題多多，我這是剛出來喘口氣。」

　　「我就是學物理的，不如我來幫忙，正好也需要您幫我一個忙呢！」物理君興沖沖地說。「那可真是太好了！你現在就跟我來吧，學生們都嗷嗷待哺呢！」老師的眼睛都亮了，

「走！我們到教室去！」物理君招呼薛小貓，卻發現小貓早就一溜煙先跑去教室了。

　　教室裡熱鬧得很！同學們圍著小貓，這個想摸摸那個想碰碰。「嗷嗚——快來救我！」眼看著小貓就要落入「魔爪」，物理君趕忙敲了敲黑板，恰好點到「物理牆」上的問題：「同學們！今天我和薛小貓來幫你們解決那些老師不教、考試不考的問題，就從筆袋裡的尺和橡皮擦開始吧！」

01. 為什麼筆袋裡的尺和橡皮擦時間長了會粘在一起？

尺通常是由塑膠製成的；而橡皮擦的原料有很多，會和塑膠尺粘在一起的主要是由軟質 PVC（聚氯乙烯，這是五大通用塑膠之一）構成，在製作過程中還加入了「塑化劑」，使得其材質不像普通塑膠那麼硬。這裡的「塑化劑」是一種油狀的有機溶劑，能夠溶解塑膠使其變軟。當加了塑化劑的橡皮擦和塑膠尺碰到一起時，由於兩者成分相似，塑化劑容易從橡皮擦經接觸面逐漸擴散至塑膠尺中，導致它們粘在一起。

簡單來說，造成這種現象的主要原因就是「相似相溶」。既然知道了兩者粘連的原理，就可以把塑膠尺換成鋼尺或者把橡皮擦和塑膠尺分開放，這樣它們就不會粘在一起了。

02. 為什麼眼鏡戴久了不擦會有一層油？

平時佩戴眼鏡的時候，眼鏡上的油大都來自臉部分泌的油脂、脫落的皮膚組織、空氣中的灰塵等。也可能是因為鏡片膜層品質不好，沒有防油汙的作用，或者是膜層老化。不同品牌、功能的眼鏡鍍膜工藝各不相同，而為了獲得本身不具備的優良性能，人們往往會在鏡片表面鍍上多層光學薄膜。這些光學薄膜主要分為強化膜、減反射膜、疏水疏油膜

和防靜電膜等。疏水疏油膜決定了眼鏡的防水防汙能力。它減少了水或油與鏡片的接觸面積，使水或油不易黏附於鏡片表面，保證鏡片的視覺效果。所以選用一款合適、品質好的眼鏡，有助於減少鏡片上的油汙，此外也要定期清洗鏡片以保持清潔。

03. 請問濕度計的原理是什麼？

以乾濕球溫度計為例。它由兩支規格一樣的溫度計組成。兩支溫度計的不同之處在於：一支溫度計的球泡上包裹著浸濕的白紗布，叫作濕球；另一支溫度計的球泡直接與空氣接觸，用於測定氣溫，叫作乾球。乾球測定的是氣溫，而因為濕球有浸濕的白紗布包裹，當空氣中相對濕度低於100%時，水分會蒸發吸熱，濕球的溫度就會低於乾球的溫度。空氣越乾燥，蒸發越劇烈，乾濕球的溫度差就越大，透過計算兩者之間的溫度差就能得出環境的濕度。原理雖然很簡單，但是在不同的氣溫下，乾濕球的溫度差代表了不同的濕度，兩者關係很複雜，一般需要查詢濕度圖獲得絕對濕度。家用乾濕球濕度計上會有濕度對照表，可以從上面讀出相對濕度，也有的在底部裝有計算盤，轉動計算盤也可得到相對濕度。

04. 振動的物體一定發聲嗎？

聲音是物質振動時產生的波透過介質被人體或動物的聽覺器官所感受到的波動現象。因此，發聲須得滿足三個條件：物質振動，有傳遞波的介質，以及聽覺器官的感受。振動的物體只滿足第一個條件時，由於缺失介質，聲音在真空中無法被傳播。固體中的晶格振動無法被人體器官感受到，因此可以說不發聲。一些超過聽覺器官感受範圍的聲音頻率，人體或者動物也無法「聽到」其聲音。因此，不能說振動的物體一定發聲，反過來應該說，物體的振動是發聲的必要不充分條件。

05. 聲波和衝擊波有哪些區別？

聲波和衝擊波都是波的一種形式。聲波的形成過程是聲源振動傳播，使周圍的空氣壓力在正常的壓力範圍內波動。其波動的振幅可以用分貝來描述，我們日常說的「安靜環境 40 ～ 50dB」就是描述的聲波的這一特性。在大氣環境下，由於聲波波動聲壓有最小值——真空，所以聲波的上限為 194dB。

但是，當能量足夠大，物質聲源的膨脹速度大於其傳播速度（聲速）時，會有衝擊波產生。衝擊波前的空氣來不及對振動發生「反應」便被快速改變，會導致介質中的壓

力、溫度、密度等物理性質發生跳躍性改變（也因此衝擊波的上限超過了 194dB）。以超音速飛機為例，由於飛機飛行速度比聲音的傳播速度快，因此其頭部和尾部會產生衝擊波，衝擊波經由空氣突然到達人耳，人耳鼓膜感受到空氣的壓力突然變化，就成為轟然巨響的爆炸聲，也就是我們常說的「音爆」。

　　衝擊波能量衰減很快，經過衰減，它的波從非線性波變為線性波，也就退化成了正常的聲波。

06. 為什麼容器洗到「水在上面既不成股流下，也不聚成液滴」就算洗乾淨了？

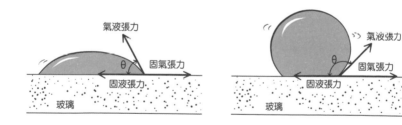

　　這主要是由水的表面張力與水和容器表面的吸附力決定的，而且該方法主要適用於玻璃容器。當液體滴在固體表面時，其彎曲的表面與固體表面形成一個角，這個角叫接觸角（圖中的角 θ），其大小衡量液體浸潤固體表面的程度；一

般水在乾淨玻璃上的接觸角小於 90°，水浸潤玻璃，因此水在玻璃上無法形成水珠；這個接觸角對固體表面的汙染物很敏感，一般汙染物會顯著增大接觸角。實驗室玻璃容器在盛裝試劑之後，表面有很多殘留物，殘留物增大了水在玻璃表面的接觸角，水開始變得不浸潤玻璃而形成水珠，甚至是成股流下，因此觀察水在容器表面的狀態可以判斷玻璃容器是否被洗滌乾淨。另外，生活中看到的防水面料，水滴在上面會形成水珠，與在玻璃上完全不同，還有荷葉上晶瑩剔透的水珠，都是因為水在這些材料表面的接觸角大於 90°（不浸潤）

07. 為什麼塑膠受熱會萎縮？熱脹冷縮不能用在這兒嗎？

熱脹冷縮是指物體受熱時會膨脹，遇冷時會收縮的特性。物體內的粒子（原子）運動會隨溫度而改變：當溫度上升時，粒子的振動幅度加大，宏觀表現就是物體發生了受熱膨脹；當溫度下降時，粒子的振動幅度便會減小，宏觀表現就是物體遇冷收縮。

熱脹冷縮是大多數物體的特性，但水（4℃以下）、銻、鉍、鎵和青銅等物質，在某些溫度範圍內受熱時收縮，遇冷時會膨脹，恰與「熱脹冷縮」相反。以水為例，水在 4℃ 時體積是最小的，此時不論溫度升高或降低，體積都會增大。

　　塑膠屬於高分子材料，其製備工藝使得其分子鏈具有一定的取向，當溫度升高到其玻璃化溫度以上時，其運動模式不再是大分子鏈上某些側基或支鏈的振動或轉動，而是變為大分子鏈某些鏈段的振動或跳躍，這使得分子鏈取向降低，塑膠發生較大形變，表現為塑膠的萎縮。

08. 彈簧的彈力與形變量之間是怎樣的關係？

　　虎克定律是指彈簧的彈力與彈簧的形變量成比例，這個比例係數叫作勁度係數。當給固體材料施加一個外力時，材料在尺寸上的改變叫作應變（應變具體定義為物體在外力作用下尺寸的改變量與原長的比值）。廣義上，虎克定律是說固體材料的應變與施加在其上的應力成線性關係。一般而言，物體的應變與應力之間是非線性關係，相應的應力—應變比例係數不恆定，但在一個應力不太大的範圍內，它們之間有近似的線性關係，相應的區域叫彈性形變區域。在該區域內應力—應變比例係數近似為恆定值。所以，虎克定律是彈簧在其彈性形變區域內成立的一種定律。當彈簧所受的力超過其彈性形變區域時，虎克定律就不適用了，相應的比例係數不再恆定。

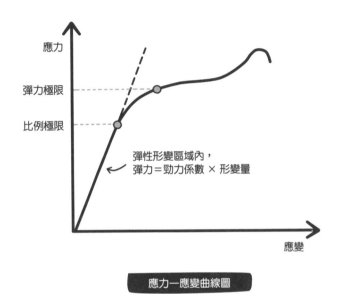

應力—應變曲線圖

09. 為什麼三角形是最穩定的結構？

一個結構的穩定性有兩個決定因素，一是結構自身的材質，二是它的幾何結構。三角形的穩定性就是由幾何結構決定的。

對於三角形，只要三個邊的長度決定了，這個三角形就唯一確定了（兩個三角形全等的判定：三邊相等則全等），唯一確定代表它不可能有第二種形狀。因此，對於一個三角形來說，即使不加任何其他的輔助，它的幾何性質也能保證它不變形。換句話說，如果它變形了，一定是結構受到了破

壞，一般是由於材料強度不夠導致的三角形的邊斷裂。但是
其他多邊形不具有這個性質。比如，四條邊相等並不能確
定一個正方形，因為四條邊相等的多邊形還可以是菱形，
所以對於四邊形來說，並沒有幾何層面的原因限制它不能變
形，想讓它保持穩定還需要添加其他的措施。

10. 沿不同方向撕開紙時，需要的力度為什麼不一樣？

這是因為紙張內的纖維排列有一定的絲向。可以把紙張
想像成絲向相同（可以粗略理解為平行排列）的纖維被粘在
一起，纖維比黏合劑更難被扯斷，需要用力大的一邊相當於
是將纖維扯斷，而需要用力小的一邊，只是將纖維分開。因
此，撕紙時垂直於纖維方向比平行於纖維方向更難撕開。

簡單介紹一下造紙的過程：首先，紙漿從被稱為流漿箱
的裝置中噴出，纖維被噴出時方向保持一致；其次，液體紙
漿到了成形網上，為了加快濾水的速度，網子左右抖動，纖
維交織得更好，但方向大部分還是一致排列的；然後經過壓
榨、烘乾等步驟，紙張就做好了。

這樣使得紙張纖維有一定的絲向，這種排列特別像棒
狀液晶分子的排列，可以說纖維的排列具有「各向異性」。
這種紙在洇墨或者浸水時，沿不同方向液體擴散的速度不
同，向纖維延伸的方向擴散更快。

　　需要特別說明的是，並不是所有的紙張都是這樣，比如宣紙內的各纖維絲向隨機，從哪邊撕都一樣，可以說具有「各向同性」，滴在宣紙上的墨點會擴散成一個圓形（有興趣的讀者可以自己試試看）。如果平時注意觀察的話，有一些布也是一邊容易撕開，這是因為機織布具有經緯線，經線更結實，所以裂口與經線平行時更容易撕開，這也可以說是一種「各向異性」。

11. 請問為什麼用手拋東西時，有時候東西越重反而被拋得越遠？

　　為了分析簡單，我們假設每次拋的物體外形相同但質量不同。同時假設出手點和出手角度相同。

　　一般來說，手拋物體的距離先隨物體質量增加而增加，然後隨質量增加而減小。

　　我們知道，即便是不拿任何東西，揮手速度也存在最大值。而拿了重物後，物體的出手速度會隨質量增加而減小。如果不考慮空氣阻力，應該是出手速度大的物體飛行更遠，也就是質量小的物體被拋得更遠。但是考慮空氣阻力後，由於空氣阻力只和物體的外形與速度有關，而加速度和質量成反比，因此，以同樣速度飛行的兩個物體，質量越小，阻力形成的（和運動方向相反的）加速度越大，阻礙物

體運動的效果越明顯。因此,儘管輕物體的初速度大,但是阻力造成的加速度也更大,所以速度會迅速減小。對於質量較大的物體來說,雖然初速度沒有那麼大,但是阻力帶來的加速度小,速度衰減慢,這樣它的飛行距離就有可能超過質量小的物體。但是,對於質量非常大的物體,即使阻力造成的加速度很小,不過由於出手時的初速度也很小,它的飛行距離也會很短。

12. 為什麼在微觀世界和極快的速度(光速)下,牛頓力學就不適用了呢?

物理學規律是透過實驗和思辨得到的,實驗資料只能來自有限多的實驗(不可能做無數的實驗來獲取資料),這也是科學只能被證偽而不能被證實的原因,因為永遠不能靠窮盡所有實驗得到的資料來構造理論。

牛頓力學的實驗資料來自宏觀低速世界,由於在得出牛頓力學的過程中根本沒有使用高速和微觀領域的資料,因此,我們沒有理由認定牛頓力學可以完美解釋微觀高速領域的資料。在研究微觀高速領域的現象時確實出現了牛頓力學不能解釋的資料。這並不是完美的牛頓力學突然失效了,而是因為在總結牛頓力學的時候我們並沒有考慮所有的情況。這樣看來,利用不完整的資料總結出的牛頓力學在高速

微觀領域失效就不奇怪了。

在接近光速的運動中，愛因斯坦提出了狹義相對論。在微觀領域，世界遵循量子力學。那麼，宏觀低速世界是否就和高速或微觀世界完全割裂了呢？答案是否定的。對相對論做低速近似或者對量子力學做古典近似，都可以得到牛頓力學的內容，牛頓力學成了相對論或者量子力學在宏觀低速領域的近似理論。用不完整的資料就得到更精確理論的近似表述正是牛頓強大物理能力的體現。

13. 為什麼反覆彎折鐵絲會發熱？

日常生活中遇到的金屬，比如鐵絲，不是完美的單晶（分子排列有完美的週期性），有很多破裂和殘缺。反覆地彎折實際上就是使用外力讓原本就不完美的晶體產生更多的滑移位錯（這種形變是塑性的、不可逆的）。正是因為金屬內部的缺陷非常複雜，所以原本原子之間整體的相對位移（彈性形變）變成了原子間混亂的相對位移（塑性形變），並轉化成原子間混亂的無規則運動。反覆彎折鐵絲讓鐵絲發生了塑性形變，所有外力所做的功也在一系列微小的塑性形變中耗散成了無規則熱運動，而無規則熱運動的最終表現就是鐵絲溫度升高。

14. 摩擦起電的原理是什麼？

在這裡只討論不太低的溫度下由原子核和電子組成的宏觀固體物質。這些物質可以理解為由帶正電的原子核和游離於原子核之外的巡遊電子組成。對絕緣體來說也會有少量電子被激發出來。原子核對電子是有吸引力的，所以原子核會束縛住大部分系統中的電子，就算是對金屬來說，每個原子也只會貢獻少數的幾個電子在固體材料中巡遊。這些被束縛的電子可以不用考慮。固體的電磁性質，主要由相對自由的電子決定。這些相對自由的電子，又被統稱為自由電子氣（或費米氣體〔Fermi gas〕）。

這時就要用到電子的一個很特殊的性質了，即包立不相容原理。由熱力學可知，所有的巡遊電子都會去搶自由電子氣中能量更低的狀態，但是包立不相容原理要求每一個狀態最多只能放進去一個電子。由於後來的電子只能被迫佔據能量更高的態，因此自由電子氣中的電子越多，費米能（所有的電子當中能量最高的電子所擁有的能量）就會越高。

到這裡，我們就已經可以解釋實驗現象了。我們都知道導體和絕緣體之間相互摩擦，導體會帶正電，即失去電子。一般來說，導體的費米能相對更高。這些高能量的電子在導體和絕緣體接觸的時候，就會傾向於離開自己原本的高能量位置，而去佔據絕緣體中能量較低卻還沒有被佔據的位

置。這就是摩擦起電的原理。只要導體和絕緣體一接觸，電荷轉移就會發生，摩擦只不過是人為地加快電荷的轉移。

15. 摩擦為什麼能生熱？摩擦力有哪些來源？

摩擦生熱是日常生活中常見的一個現象，但其微觀機制仍在研究中。一般而言，摩擦力的本質是電磁相互作用，摩擦生熱本質可以理解為相對運動導致電磁相互作用變化，接觸面處的原子在電磁力作用下運動加劇，同時將能量傳輸給附近原子，引起溫度升高的過程。

摩擦力的定義：兩個互相接觸的物體，當它們發生相對運動或具有相對運動趨勢時，在接觸面上產生阻礙相對運動或相對運動趨勢的力。一般而言，兩個互相接觸的平面無法做到原子級平整，同時由於物體暴露在空氣中，其表面會有大量的附著物，接觸平面一般會凹凸不平，互相嚙合，此時摩擦力的來源主要是接觸面的凸起部分在運動過程中的相互碰撞，碰撞過程伴隨著大量化學鍵的斷裂和重組現象，阻礙物體運動的摩擦力強弱與材料表面的粗糙程度（表面凹凸帶來的碰撞次數）以及材料本身的種類（化學鍵的強度）密切相關。而在實驗室條件下，如果能夠實現接觸面的原子級平整及高真空的狀態，當兩個接觸面相距足夠近（奈米尺度）時，排除嚙合狀態下的碰撞現象，摩擦力的主要來源就

是原子—原子之間的電磁相互作用了。常見的例子有石墨的層間凡得瓦力（van der Waals force），原子力顯微（AFM）、掃描穿隧顯微鏡（STM）探針與樣品表面原子的相互作用，以及磁力顯微鏡（MFM）磁性探針與樣品的磁力等。

16. 透明膠帶用水泡久了以後為什麼會變白？

透明膠帶的「帶」本來就是透明的，因為膠帶使用的材質是 BOPP（雙向拉伸聚丙烯）。PP 就是聚丙烯，我們使用的很多餐具就是 PP 材質的，和膠帶是同一種化學材料。

透明膠帶在粘上了別的東西之後就會失去透明的性質，在水中泡久變白也是因為膠帶上的膠質吸附了水以及水中的一些雜質，表面變得不再均勻，且不再平整光滑，光線在穿透它的時候會發生各種散射和折射。這和浪花、泡沫顯現出白色的原因是一樣的。透明膠帶所泡的水也不是蒸餾水，裡面或多或少地帶有各類微生物和微小顆粒，這些顆粒被膠帶吸附就是膠帶變白的原因。

17. 為什麼「破鏡」不能「重圓」？是因為分子間隔太大嗎？直接把碎鏡靠近可以實現「破鏡重圓」嗎？

材料（如鏡面）破碎時會有鍵（離子鍵、共價鍵等）的斷裂和結構的扭曲，甚至會有部分結構脫落（碎屑）。在破

碎後的極短時間內，新邊界處的原子斷裂的鍵會自發吸附空氣中的氣體分子，形成一個由數層分子構成的界面。分子間的相互作用對距離很敏感，一般而言，當距離在分子尺寸以內時，表現為斥力，斥力隨距離減小增長很快，故液體、固體往往很難壓縮；稍遠一些，表現為引力；但距離再稍微大一些（幾個原子距離），引力就衰減得差不多了。

當「破鏡」想要「重圓」時，由於上面提到的原因，原來鍵合在一起的原子，現在基本上無法靠近彼此了（當然，宏觀上看不出來），它們要麼被氣體分子形成的界面隔開了，要麼錯位了，要麼脫落離開了。同時，這些原子還在各自無規則「熱振動」，自然難以恢復原來的微觀狀態，宏觀表現就是難以「重圓」了。

18. 物質是否可燃取決於什麼結構？

一般而言，燃燒的定義是，可燃物與氧氣發生的氧化還原反應。

在這個氧化還原反應中，氧氣作為氧化劑得到電子，而可燃物作為還原劑失去電子。如果我們假設溫度足夠高以忽略掉所有勢壘所產生的效應，那麼氧化還原反應是否可以發生就由反應前後反應物的自由能決定。

通俗點說，如果燃燒後的物質的自由能低於燃燒前的物

質的自由能，那就能反應。在判斷化學反應是否能發生的自由能判據中，自由能中的能量項發揮了主導性的作用。一般來說，反應物的總能量如果比較高，而生成物的能量比較低，那反應就容易發生。

所以促進氧化還原反應發生的結構，主要是那些斷開並和氧化物原子結合以後，產生新物質總能量反而更低的化學鍵。

比如C-C鍵，C-C鍵的鍵能是346kJ/mol，O-O鍵是142kJ/mol，C-O鍵是358kJ/mol，C＝O鍵是799kJ/mol。不難發現，把C-C鍵拆開並重新和O組合往往會得到能量更低的物質，所以C-C鍵在燃燒中也就很難穩定。類似的化學鍵是燃燒的主要動力。

19. 為什麼風有時能滅火，有時會助燃？

燃燒有三個要素：熱量（溫度達到燃點）、氧化劑（通常是氧氣）、可燃物（還原劑）。

風會增強其中的一個要素（氧氣／氧化劑）而削弱其中另外一個要素（熱量），還有可能改變可燃物這個要素。向燃燒中的物體吹過去的風在帶走一部分熱量的同時，還會給燃燒中的物體帶去更多的氧氣，也會在一定程度上改變了燃燒的方向，也就是火焰的形狀。火焰形狀的改變有可能讓可

燃物與氧化劑、熱源分離，使得燃燒停止（如吹滅蠟燭），也有可能像火燒赤壁一樣讓火焰點燃更多的可燃物。

蠟燭燃燒的時候，燃燒著的可燃物已經充分接觸了氧氣，這時風一吹，基本沒能增強氧化劑這一要素，但是卻帶走了蠟燭燃燒的大量熱量，這時風就是阻燃的。燒紙的時候，如果燒的是一大疊紙，內部就無法很好地和空氣接觸，這時候如果吹起了一陣風，吹散這疊紙的同時讓紙張和氧氣充分接觸，就會極大程度地助燃。

20. 酒精燈是什麼原理？為什麼點燃後酒精瓶裡面的酒精不會燃燒？

常見的酒精燈構造可以簡單地表示為下圖：

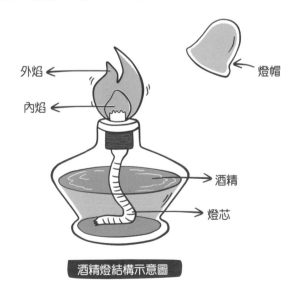

酒精燈結構示意圖

酒精燈的燈芯是由多股棉纖維撐成的。在使用過程中，燈芯本身浸潤了酒精，由於毛細作用，酒精順著燈芯到達頂端。而酒精本身很容易揮發並且燃點很低，燈芯頂端的酒精蒸氣和空氣中的氧氣充分接觸，所以可以被點燃，毛細作用又會使壺中的酒精源源不斷地到達燈芯頂端，燃燒的溫度足夠使這些酒精再次蒸發成蒸氣，使燃燒的過程持續下去。

但是，燈芯本身的材質使得它的燃點要比酒精高得多，而且酒精本身蒸發又會吸收熱量，火焰尤其是內焰的溫度不足以點燃燈芯。燈壺裡的酒精得不到足夠的熱量，並且也沒有足夠的氧氣讓它燃燒，所以壺中的酒精不會被點燃。

但是！還記得化學老師講過酒精燈裡的酒精不能裝得過滿嗎？這是因為酒精本身還是容易揮發的，裝滿酒精之後壺中的酒精蒸氣會過多，這個時候就有可能發生爆燃了，所以酒精燈一定不可以裝得過滿！

21. 水晶作為飾品真的有「磁場」嗎？

水晶可以看作是二氧化矽晶體（有可能含有各種雜質）。

純淨且結晶良好的水晶是透明的。如果還含有其他雜質，尤其是金屬離子，水晶就有可能呈現出各種顏色。如果水晶結晶得很糟糕，還含有各種各樣的雜質的話，那就成了

傳統意義上的沙子——沙子的主要成分也是二氧化矽。

部分商家宣稱水晶會產生磁場，對人類有「奇妙的作用」，還散佈「水晶飾品需要消磁才能戴」之類的言論，這些都是沒有科學依據的觀點。任何單個原子都會產生極為微小的磁場，不只是水晶（二氧化矽），很多其他物質也會產生。這種磁場的尺度是原子級別的，這麼微弱和小尺度的磁場不會和人類的生命活動產生聯繫。在介觀到宏觀的尺度，水晶幾乎沒有磁性。我們雖然可以用磁鐵吸引鐵屑，卻無法用磁鐵吸起沙子，就是這個原因。

綜上所述，水晶作為飾品，是沒有「磁場」的。

22. 鉛筆畫的線為什麼能導電？

鉛筆芯是用石墨、黏土混合製成的，而石墨可以導電。我們寫字的時候，實際上是透過摩擦把石墨塗抹在了紙張表面，所以用鉛筆畫出來的線其實是石墨和黏土的混合物畫出的線，當石墨顆粒相互接觸，形成完整的導電通路時即可導電。

然而，同學們如果試著做實驗，使用鉛筆線點亮小燈泡的時候，可能會發現其導電性能不是很好，有的時候小燈泡亮，有的時候不亮。這是因為石墨線是薄薄的一層，如果石墨被黏土打碎，其導電性能就會受到很大影響。石墨的原子

結構排布決定了它的準二維導電特性，即層內導電強，而層間導電弱，體現出強烈的各向異性。鉛筆芯中的石墨是在被碾碎後才與黏土混合的，所以原子結構被打亂，導致導電性能並不十分出眾。

同時，導線和鉛筆線上的石墨具有很大的接觸電阻。在材料物理實驗中，接觸電阻是測量材料導電性能的時候不可避免的問題之一。實驗中燈泡如果點不亮的話，可以試試改用發光二極體，非常微弱的電流就能點亮發光二極體，比小燈泡容易點亮得多，成功率會升高哦，同學們可以試試。

23. 怎樣讓硬幣漂在水中？

先來看一下水的張力是如何讓硬幣漂浮在水面上的：

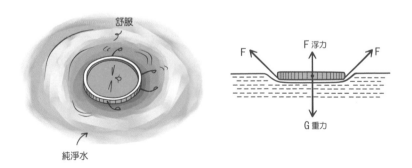

如圖所示，把硬幣放在水面上之後，水面張力會提供硬幣一個斜向上的力，這個力和硬幣受到浮力的合力與重力抵

消，就能夠讓硬幣「浮」在水面上。

那麼問題來了，究竟如何才能讓硬幣浮起來呢？首先是選擇一個夠輕的硬幣，一分或五分的硬幣都是很容易浮著的。其次是保證水足夠純淨，因為純水的表面張力較大。

最後一步比較關鍵：如果把硬幣往水裡一扔，那麼硬幣會因為慣性直接墜入水中。一個比較合適的做法是，非常緩慢地把硬幣放在水面上。同學們可以試著用鑷子或者彎曲的鐵絲、迴紋針，夾著或者從下面托著硬幣，緩緩把硬幣平放在水面上，這樣通常能成功。

24. 為什麼黑筆和紅筆的筆芯後面有一小段黃色的東西？

中性筆筆芯在我們生活中很常見。不知道大家有沒有觀察過，中性筆筆芯的尾部都有一段與筆芯油墨截然不同的黃色或者白色的油狀物，這個是什麼呢？

這段油狀物就叫作隨動密封劑，主要成分一般是鋰基脂，它本身具有一定的黏稠度，而且也有很好的耐揮發性，主要作用就是放置在筆管中油墨的末端，為筆芯提供良好的保濕、密封功能，同時防止墨水倒流或者蒸發。

另外，隨著筆芯的使用，筆管裡的墨水量會逐漸減少，這時候在外界大氣壓的作用下，鋰基脂會往前移動擠壓油墨，以保證書寫的順暢——這時它相當於「液體活塞」。

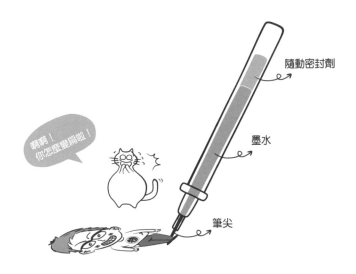

25. 為什麼質子數能決定元素種類,而中子數不能?

元素種類是按照它們的化學性質劃分的。元素的化學性質可以用量子力學去解釋。需要用到薛丁格方程和包立不相容原理。

對於單電子來說,影響電子狀態的是薛丁格方程中的勢場和電子數(由於包立不相容原理的存在,已經被其他電子佔據的狀態不能再容納其他電子,這也會影響原子性質)。其中電子數完全由質子數決定,而外場幾乎不受中子數的影響,因為中子雖然有質量,但是引力相互作用太小,幾乎不對電子產生影響。

　　另一方面，雖然質子和中子之間存在強相互作用，但是強相互作用的有效距離非常短，以至於電子幾乎感覺不到它的存在。因此勢場幾乎全部由質子的電場提供。這也是質子數可以決定元素種類的原因。

26. 核反應損失的質量去哪裡了？

　　質量和能量是完全等價的，有質量就有能量，有能量就有質量。一個具體且簡單的例子就是，一個物體隨著速度增加其質量也會隨之增加，這是狹義相對論提出的結論。另一種理解，就是物體由於具有動能，導致了質量增加，這也是質量與能量等價的一個具體體現。

　　在核反應過程中並沒有真正損失質量，不過能量（質量）的形式確實發生了轉變。由粒子的靜質量（靜能量）轉化為了粒子的動能，同時核反應會生成光子這樣的粒子，所以粒子的部分靜質量（靜能量）也轉化為了光子等新生成粒子的質量（能量）。所以，所謂「質量虧損」其實是「靜質量虧損」！而正因為動能增加，粒子變「熱」，所以核反應才會放熱並被人們利用。

▶▶腦洞時刻◀◀

01. 聲音可以滅火嗎？

聲音可以滅火，但不是所有的聲音都可以。美國喬治梅森大學工程專業的兩名學生發明了手持聲波式滅火器，其原型包括音頻發生器、放大器和一個準直儀。音頻發生器可以產生一些 30 ～ 60Hz 的低頻聲波，放大器將聲波信號放大，準直器將這一部分聲波瞄準火焰方向，可以撲滅一些小型且受控的火災。我們可以從兩個方面考慮聲波式滅火器的工作原理，一是燃燒的條件，二是聲音的本質。

燃燒需要三個條件：可燃物、氧化劑和熱量。聲音的本質是物質振動在空中的傳播，一般的聲音振動很小，但可以透過耳膜的微小振動被人體感知聽到。在滅火中，放大器將聲波的振動幅度加強，準直儀將聲波瞄準燃燒現場，從而使作為振動介質的氧氣分子在特定頻率下短暫地與燃燒物分離；如果燃燒速率不夠大又來不及與下一部分氧氣繼續燃燒，則失去氧氣的補給便可抑制燃燒過程，從而達到滅火的目的。然而，除非可以製造一個超級大的放大器和準直

儀，不然聲音滅火還是不適用於大型火災現場。

02. 為什麼子彈出膛後的後座力使槍頭轉向上而不是向下？

　　這和槍支的設計有關係：幾乎所有槍支的握把的高度都低於槍管的高度，因此子彈出膛後，後座力讓槍口抬起。

　　如圖所示，子彈出膛時會在槍管處產生一個方向與子彈出膛方向相反的力，這個力就是後座力。人總是試圖用手握住握把讓它固定，以保證射擊穩定。我們不妨假設人牢牢地握住了握把，也就是忽略後座力引起的握把的位移，在這種情況下，握把相當於一個轉軸。而後座力會產生一個相對於這個轉軸的力矩，那麼就不難得到後座力會讓槍體逆時針旋轉的結論，而這種逆時針的旋轉就會導致槍口抬起。

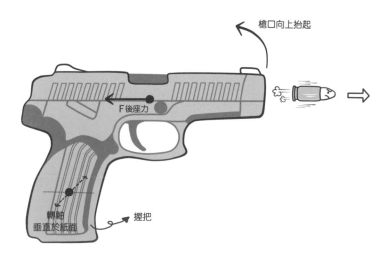

03. 如果向天空開槍，子彈下落到地面還有殺傷力嗎？

有殺傷力，而且很可能非常危險。

英文有一個專門的詞叫「celebratory gunfire」，就是指朝天放槍慶祝，但這種行為可能使人受傷或死亡。

如果子彈完全朝著正上方發射，那麼落地的時候子彈的速度就應該小於或等於子彈的重力和空氣阻力達到平衡的終端速度（物體達到終端速度的時候，空氣阻力和重力相互平衡，這是物體在空氣中墜落的最高速度）。根據某期《流言終結者》（MythBusters）的實驗結果（在當次實驗的特定槍支和環境條件下），這個終端速度的子彈可能不致命。

但是，如果子彈沒有朝著正上方發射，子彈的飛行軌跡就會是一個常規彈道。如此飛行的子彈速度衰減相對較小，落地時候的速度就有可能超過具有殺傷力的閾值。

綜上所述，打向天空的子彈在落到地面時的殺傷力，和開槍時的角度具有相當大的關聯，但總體而言這種做法還是非常危險的。

04. 我向空氣打一拳，根據相互作用力，空氣也會給我一個相同的力，那為什麼我沒有感覺到呢？

我們之所以完全沒感覺，不是因為空氣是流體，而是因為打的空氣太少太輕，導致相互作用力太小。水同樣是流

體，但是當人在打水的時候（或者考慮從高處跳水）能明顯感覺到水對人的反作用力，這是因為水的密度比空氣大很多。如果將拳頭換成火箭，以超高速度直入雲霄的火箭會受到巨大的空氣阻力，相當於被空氣打了。

我們要注意到，人的皮膚所感受到的力，實際上是某一段時間內受到的力的平均值。人在打空氣的時候，讓空氣整體上獲得了與手相同的速度（因為手太重了，空氣分子撞上拳頭會彈回）。

所以，只要出拳的速度足夠快，就會感覺在被空氣打。而被打的空氣也會因為獲得了更高的速度而更具威力，這似乎就是傳說中的天馬流星拳的原理……

05. 一隻蚊子飛入一個空瓶而不碰瓶壁，會增加瓶的重量嗎？

雖然瓶體作為一個物體，自身的質量不會因為飛入蚊子而改變，但是如果這個瓶子被放在了一個秤或天平上，那麼這個秤或天平的示數是有可能改變的。

在瓶中的蚊子，為了克服地球的重力，必須扇動翅膀以獲得一個向上的升力。在得到這個升力的同時，它附近的空氣因為被翅膀向下扇動從而有向下流動的趨勢。如果瓶蓋完全蓋上了，那麼流動的空氣持續地撞擊瓶子的底部，相當於

給瓶子施加了一個力，使用足夠靈敏的天平或者靈敏的電子秤，其示數就會發生變化。

或者換個角度，如果瓶子是密封的，可以把瓶子、瓶內空氣和蚊子看作一個整體，如果蚊子平穩懸空在某一位置，那麼這個系統處於一個平衡態，其總質量應該是瓶子、空氣和蚊子之和，相當於蚊子的「體重」透過瓶內的空氣傳遞給了瓶底。

06. 在一個足夠大的點電荷形成的電場下，在數光年外放置測試電荷，這個測試電荷能不能瞬間感受到電場力的作用，開始運動？

在電磁學的領域內，電荷與電荷之間透過電磁場發生相互作用。一個電荷能感受到的只有其他電荷的電磁場。所以，即使是相距數光年的電荷，只要源電荷的電場已經傳播到另一個電荷所在的位置，那麼另一個電荷也能瞬間感受到。

如果源電荷是突然間出現在測試電荷數光年之外的，那麼測試電荷如何運動？答案是，測試電荷需要在數年之後才會感受到從源電荷處傳播過來的電場，即放置源電荷的瞬間測試電荷並不會運動起來。

07. 金剛石是碳在高壓高溫的情況下形成的，那能否在一個地方堆放幾十萬噸的碳，然後引爆一顆氫彈，造出許多金剛石？

恭喜你找到了新的合成金剛石的辦法！其實金剛石的爆炸合成技術理論早已被提出並應用於生產中。與靜壓法在相平衡線附近的緩慢生長不同，爆炸法由於反應時間很短，系統主要處於成核過程，晶體生長的時間太短，因此形成的大多是小顆粒的微晶或聚集形成的聚晶體。與奈米金剛石其他合成方法例如水熱合成、離子轟擊、微波等離子體化學氣相沉積相比，爆炸合成技術的反應速度更快、效率更高，能節省能源，目前已成為奈米金剛石的主要工業生產方式之一。

早期採用的爆炸合成技術是爆炸衝擊法，以石墨為前驅體，透過炸藥爆炸產生的衝擊波壓力及在其壓力下產生的高溫，使石墨發生相變，轉變為金剛石。由於爆炸衝擊法有得率低、回收率低、不穩定的缺點，後續發展了爆轟合成法。爆轟合成法是以含碳炸藥為前驅體（通常採用 TNT 和 RDX 炸藥為原料），在爆轟瞬間的高溫高壓條件下，利用負氧平衡炸藥中在爆轟時沒有被氧化的碳原子，經過聚集、晶化等一系列物理化學過程，形成含有金剛石相的奈米尺度碳顆粒集團。用氧化劑除去非金剛石的碳相，就得到奈米金剛石。這種技術被推廣到多種奈米材料的研究中，如奈

米石墨、奈米氧化鋁、奈米氧化鈦、奈米氧化鐵、碳包奈米金屬、奈米氧化鈰、奈米錳酸鋰以及錳鐵氧體等。所以這個想法是可行的，只是氫彈就不必要啦。

　　「物理牆」上的問題都回答完了，同學們還是不停地舉手，不過物理君胸有成竹，再稀奇古怪的問題也都耐心地替同學們解答得明明白白。老師很驚訝，不知道物理君到底是什麼來頭，這才想起來之前物理君提到也有問題想問。「現在可以說了吧，你到底要問我什麼呢？」物理老師終於找到機會問物理君。

　　「我想去悟理學院，但不知道該怎麼去。」物理君實話實說。

　　「這可巧了，這問題的答案就在你剛剛回答過的問題裡！」老師說著遞過來一張悠遊卡，「你坐公車到 010 數位城站下車，那裡就是去往悟理學院的必經之路！」

　　物理君和老師握了握手，接過悠遊卡，和小貓一起踏上了下一段旅程。

▶▶解鎖工具：公車◀◀

01. 坐在公車後排，前面很近處有一根柱子，但為什麼看
　　車用電視的時候可以看到全部畫面，而不會被柱子擋
　　住呢？

　　柱子明明就擋在你和電視的中間，為什麼卻能看到它後
面的畫面？也許你會想，莫非光發生了偏折？也許你腦海中
會閃過一個詞──繞射。

　　然而，這並不是因為光路的變化，造成這個現象的原因
在於人有兩隻眼睛！

　　人的兩隻眼睛一左一右，這兩隻眼睛看到的畫面是不一
樣的，而人的大腦會對兩隻眼睛收集到的信號進行處理，
最終合為一張圖。就好比你看雙筒望遠鏡，兩個小圓筒的畫
面會合成到一個大圓筒中。你可以做這樣一個實驗，用手指
擋住你前方一個小物體或是某個物體的一小部分，然後閉上
你的左眼，很大可能此時你看它的確是被擋住了，這是因為
大多數人的主視眼是右眼（因此右眼的近視度數一般比左眼
高）。然後，閉上你的右眼，睜開你的左眼，你會發現被擋

住的部分用你的左眼是可以看見的。

　　圖像能夠「偏移」的程度與你和圖像之間的距離，以及遮擋物距離你眼睛的距離有關，並且還與遮擋物的大小有關。如果擋著的不是一根柱子而是一個體重三位數（單位為kg）的人，那麼你就看不到他身後的部分東西了。

　　當然，如果遮擋物的密度非常非常大，大到成了一個黑洞，那麼光將被重力彎曲，你便能看到它後面的東西了。

電子產品裡的物理

010 數位城

物理君剛下公車,「喵嗚!」薛小貓就急不可耐地撲了出去,物理君定睛一看,原來是路邊的掃地機器人吸引了薛小貓的注意。這個掃地機器人看起來小小的,不過行動非常迅速,清掃過的路面光潔如鏡,還能避開障礙物。薛小貓和掃地機器人玩得不亦樂乎,一直試圖爬到機器人的上面,趁這個間隙,物理君認真打量起這座城市。

遠處是一幢充滿科技氣息的大樓,巨大的樓體顯示幕上有一個機器人播音員正在講述機器人研發最新進展;街道上偶爾可見人形生物,大部分都是各式各樣的機器人,甚至還有機器狗。

突然,一聲興奮的貓叫伴隨著劈裡啪啦的聲音傳來,「薛小貓,你又闖禍啦!」物理君非常憤怒,每次薛小貓這樣叫都準沒好事。一眼看去,掃地機器人支離破碎地躺在路邊,指示燈已然熄滅,薛小貓正揚揚得意地舉著一張閃閃發光的晶片。還未等物理君有所反應,整個數位城突然響起警報,「警報!警報!發現破壞者!」其他正在進行清掃任務的機器人紛紛擺出攻擊姿態,街道上的各類機器人也都眼閃紅光,向物理君和薛小貓的方向看過來:「目標鎖定,予以清除!」各類機器人向物理君和薛小貓衝來,嚇得物理君和薛小貓拔腿就

跑。「臭貓！待會兒再跟你算賬！」「喵嗚——」

　　經過一輪追逐，物理君和薛小貓被重重包圍，迎面走來一個機器人，「遠道而來的朋友，你破壞了我們城市勤勞的掃地機器人，這是很不禮貌的行為。但是我們遇到了一些問題，如果你們能幫忙解答的話，我們就會成為朋友；但如果解答不了的話，就永遠留在這裡吧！」

01. 為什麼滑鼠在玻璃板上會失靈，在滑鼠墊上卻不會？

　　機械滑鼠下部有一個滾球，拖動滑鼠時滾球轉動，進而獲得滑鼠的定位。滑鼠墊提供了一個較大摩擦力的平面，使得滾球的滾動不打滑，因此可以增加定位的精確性。

　　現在市面上的滑鼠大多是光學滑鼠，裡邊有一個發光二極體。二極管所發出的光會被滑鼠接觸的表面反射一部分，反射光通過透鏡組後傳輸到光感應器件。當光學滑鼠移動時，其移動軌跡會被記錄為一組高速拍攝的連貫圖像，被光學滑鼠內部的一塊專用圖像分析晶片分析處理。該晶片透過分析這些圖像上特徵點位置的變化判斷滑鼠的移動方向和移動距離，從而完成對游標的定位。對光學滑鼠來說，滑鼠墊可以提供一個方便滑鼠感光器系統計算移動向量的平面，防止玻璃等特殊材質的表面反射與折射影響滑鼠的感光器定位。

02. 為什麼電腦出現亂碼時總是顯示生僻的漢字？

　　回答這個問題前我們需要瞭解中文編碼的過程。電腦中的資訊以 0 和 1 的二進位數字的形式存儲。為了將字元集中不同的字元與電腦可以接受的數位系統的數聯繫起來，需要建立一種映射（對應關係），並且一個字元集可以有不同的編碼方式。例如，常見的字元集 Unicode 就可以對應不同的

編碼規則 UTF-8、UTF-16 等。不同的字元編碼標準下，同一個字元會用不同的位元組數對應。在編碼和解碼的過程中參照不同的編碼標準或者字元集時，就會出現字元亂碼的情況。

回到最開始的問題，亂碼為什麼往往是生僻的漢字？以常見的中文簡體字元集 GB-18030 為例，該標準共收錄了 70244 個漢字，但《現代漢語常用字表》中提供的常用字（2500 字）和次常用字（1000 字）加起來不過 3500 字。兩者相比，亂碼中出現生僻字元的機率自然更大。

03. 請問二維碼是什麼原理？二維碼會不夠用嗎？

簡單地說，二維碼就是一串字元。字串按照一定的編碼規則轉換成電腦可以識別的二進位數字。這些二進位數字表現在二維碼上就是黑白方塊圖案，黑色方塊代表 1，白色方塊代表 0。設備掃描二維碼後就能根據編碼規則解析出其中存儲的字串，並執行下一步操作。大家平時用手機 App（應用程式）掃描二維碼解析出來的往往是一個網址連結，但是 App 沒把網址連結顯示出來就直接跳轉到這個網址了，所以大家會覺得掃描二維碼很神奇。如果用手機上的掃碼 App 掃描二維碼，就可以看到二維碼中存儲的字串究竟是什麼。

經過前面的介紹，大家已經知道二維碼本質上就是一串

文字。如果不限制二維碼的尺寸（二維碼內黑白方格子的數量）的話，就不存在二維碼是否會用完的問題。不同二維碼的區別在於它們所存儲的文字內容不一樣，如果行列各 25 個方格的二維碼用完了，那麼我們可以使用行列各 26 格的二維碼，以此類推，根據所要表達的文本的需要來設計二維碼。如果限定了二維碼的尺寸，那麼其黑白方格的排列組合是有限的，理論上存在用完的情況。就以最大的規格「版本 40」來說，其尺寸為（V-1）×4 + 21 = 177，也就是 177×177 的正方形。僅從編碼角度，最多能表示 23624bit 的數據，從這個極限來看，目前應該是用不完的。

04. 手機防窺保護貼是什麼原理？

手機防窺保護貼的本質就是一種類似「百葉窗」的光柵結構。百葉窗透過調節葉片轉動和凹凸方向，可以有效阻擋外界視線。不同的是，手機防窺保護貼中的「百葉窗」是不能調節角度的，所以只有某些角度範圍的光線可以穿過螢幕，而其他角度範圍的光線則被阻擋，從而達到防窺的效果。當然，由於防窺保護貼選擇透過了部分光線，所以手機亮度肯定沒有無膜的時候亮。此外，很多時候我們自己看手機的視線也不都是 90° 垂直螢幕，所以貼了防窺保護貼再看手機螢幕也不是特別方便。

05. 電容器可以儲存電，那它能不能被製作成行動電源？

　　我們都知道電容器可以儲存能量。就以我們所熟悉的靜電電容器（例如課本上的平行板電容器）來說吧，靜電電容器的特點是充放電極快（功率密度大），迴圈次數非常高。但它有兩個很明顯的缺點：一是能量密度太低（儲存不了太多能量），所以要達到現有行動電源的儲能水準，靜電電容器的體積會非常巨大；二是行動電源可以在一定時間內持續不斷地提供手機或者給其他電器（LED 燈、小電風扇）能量，靜電電容器瞬間釋放能量的特點決定了它不適合被做成行動電源。

　　以上說的是靜電電容器，而現在比較熱門的研究是超級電容器。超級電容器是介於靜電電容器和電池之間的一種儲能器件，有靜電電容器快速充放電的特點（但充放電速率比不上靜電電容器），也有電池能量密度大的特點（但能量密度還比不上鋰離子電池）。超級電容器已經應用在一些交通工具上，比如用於汽車上的能量回收裝置，可以在汽車減速時回收部分能量。但是受現有技術的制約，目前超級電容器的能量密度和充放電性能決定了它代替電池來製作行動電源還有很大距離。

06. 大風真的會影響 Wi-Fi 信號嗎？

一般認為，大風不會直接影響 Wi-Fi 信號的傳播，因為 Wi-Fi 信號本質上是電磁波，而風是空氣密度分佈不均勻形成的，電磁波的傳播速度受空氣的影響很小，幾乎可以忽略不計。

根據馬克士威方程（Maxwell's equations），電磁波傳播速度（光速）依賴於介質的電導率和磁導率，真空中的光速是目前自然界物質運動的最大速度，空氣介電常數非常接近於真空介電常數，一般情況下，認為真空和空氣中的光速差異不大。空氣由於密度改變引起的介電常數變化較小，對 Wi-Fi 信號的傳輸影響較小。但是本著科學嚴謹的精神，需要指出，大風在極端情況下可能會摧毀室外路由器或者路由器連接外網的線路，從而影響 Wi-Fi 信號的收發，進而影響 Wi-Fi 信號。

而在下雨天或者下雪天，如果手機用行動數據上網，我們倒是常常會明顯地感覺到網速的下降。這是因為下雨天空氣中彌漫著大量的水分子，能夠吸收基站發射的電磁波。同時，當雪花或者雨滴的線度合適時，會發生較強的散射，使得定向傳輸功率變小，影響信號傳輸，這種情況對電磁波的傳播影響較大。

07. 手機快充是怎麼一回事？

電池可以看作一個游泳池，大小是固定的，想快速充滿電，自然而然要考慮增加充電功率（灌水的速度）。起步階段，快充技術可以分為兩大類：高壓小電流與低壓大電流。

高壓小電流，即進水管道粗細固定，想快點灌滿水那就只能增大水壓，用更大的「力」來把水更快地「壓」進游泳池。想像一下，用力推注射器的時候，針頭噴水的速度是不是更快呢？低壓大電流則是，水壓固定，那麼只能增粗水管，從而在相同時間內灌進更多的水。部分手機採用的是「增大水壓」的模式。這種快充方式繞開了傳輸線對電流的限制，副作用便是降壓過程在手機內部進行，會給手機帶來比較大的充電發熱問題。

另一部分手機則採用「增粗水管」的模式，通用的 Micro USB 不支援大電流，部分廠商就從充電線開始整體定制自己的充電系統，使其支援大電流，這樣的好處是將發熱嚴重的部分從手機機身轉移到了充電頭上，副作用就是失去了通用性。

後來技術不斷發展，人們開始考慮高壓大電流，並嘗試統一各類充電協議。USB 標準化組織提出了 PD 協定，技術上相容了各大廠商的產品，並且 PD3.0 協定可以支援 20V、5A 的高壓大電流。

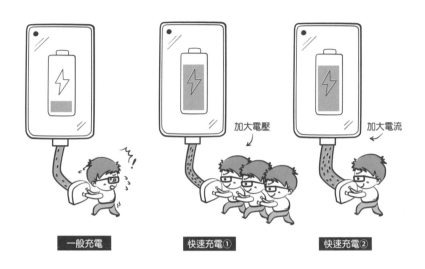

| 一般充電 | 快速充電① | 快速充電② |

08. 透明手機殼用舊了為什麼會變黃？

透明手機殼大部分用的是 TPU 材料，中文名為熱塑性聚氨酯彈性體。TPU 是由二異氰酸酯與短鏈二元醇（擴鏈劑）反應形成的軟段和二異氰酸酯與長鏈二元醇（聚酯多元醇或者聚醚多元醇）反應形成的硬段交替構成的線性嵌段共聚物（block copolymer）。這種材料具有耐磨、防水、耐低溫等優點，缺點就是在戶外使用過程中，易發生泛黃、機械性能下降等光氧化老化現象。

TPU 材料用久了為什麼會發黃呢？有兩個主要原因：一是長鏈二元醇分子鏈段上具有一定的不飽和鍵，其製成的 TPU 材料中殘留的不飽和鍵受空氣、溫度、日光等因素的

影響會被逐漸氧化成醛、酮和羧酸，並進一步老化降解導致發黃；二是 TPU 材料使用了芳香族的二異氰酸酯，當受到光熱等因素影響時，二異氰酸酯中的苯環結構就會被逐漸氧化導致發黃。

總之，老化變黃是 TPU 材料的一個特點，現在的技術只能延緩其變黃。

09. 為什麼手機沒訊號還能撥打 110、112 和 119 ？

手機在正常開機後，會先檢測是否有 SIM 卡，再搜索附近的基地台進行認證。是否有 SIM 卡，並不會影響到手機射頻模組的正常工作。通俗來講，SIM 卡更像是與對應電信業者的基地台的「聯繫」的「門卡」。

多數情況下，我們的手機顯示沒有訊號是說明周圍沒有對應的基地站和網路。但是這並不妨礙手機射頻模組接收到附近其他電信業者的基地台的訊號。而像 110、112 和 119 這種緊急呼叫電話的優先順序比較高，並不需要認證網路就可以和附近可用的基地台連接，也就是說，無所謂電信業者之間的差別。例如，附近沒有 A 電信的基地台，但是有 B 電信和 C 電信的基地台，那麼即使手機顯示沒 A 電信的訊號，也可以連上附近 B 電信或 C 電信的基地台，從而撥通這些緊急呼叫電話。

　　不過，如果身處深山老林這種附近確實什麼基地台都沒有的地方，按照剛才的說法，顯然緊急呼叫電話也打不通⋯⋯這時候就老老實實換個方法吧（比如衛星電話）。

10. 手機中的資訊是如何被刪除的？

　　當我們點擊了刪除之後，手機裡的照片檔就「消失」了，但這並不是真正的刪除，只是這些檔被系統用特殊的方法標記為「無用」，從而在檔案管理員和各種 App 裡不可見了。如果把手機中的檔想像為各種樓房，那麼這樣的「刪除」就相當於沒收了這間房子的房屋所有權狀和地契，這樣當你打開手機找圖片時，相當於你在尋找住的地方，而這個被沒收地契的房子就被系統認定為「不合法」的「黑店」，不會讓你看見。

　　當然了，僅僅沒收了地契並不改變這棟房子依然存在的事實。如果有壞人撿到了你的手機，透過一些特殊的技術手段，還是可以進入這所房子甚至找到你的隱私資訊。同樣，恢復原廠設定也不夠安全，因為恢復原廠設定後的手機依然可以用電腦端的 root 軟體恢復出照片。為了安全，可以在恢復原廠設定後，在手機中填滿大檔再刪除，反覆幾次，相當於給沒有地契的地方發了新的地契，並且推平了舊樓蓋新樓，再推平再蓋樓⋯⋯這樣隱私檔相當於被砸成碎磚

塊埋進地基裡，無法恢復了。

11. 無線充電是什麼原理？

目前市面上的無線充電方式主要分為電磁感應、磁共振以及無線電波的方式。下面來簡單介紹一下這三種無線充電方式的原理。

（1）電磁感應無線充電

這種方式是目前手機等小型電子產品行業應用最為廣泛的無線充電技術。這個充電系統由兩個線圈組成，充電底座以及手機終端分別內置了送電線圈（初級線圈）和受電線圈（次級線圈），當兩者靠近時，送電線圈內一定頻率的交流電透過電磁感應，在手機的受電線圈中產生一定的電流，從而將電能從充電底座傳輸到手機終端。電磁感應充電技術的主要問題是傳輸距離太短。

（2）磁共振無線充電

磁共振無線充電的原理是透過頻率共振進行能量傳輸，能夠一對多進行充電。其中磁振器由電容並聯或串聯大電感線圈構成，透過相同的共振頻率來達成能量傳輸。

相比於電磁感應無線充電，磁共振無線充電具有更遠的傳輸距離，其技術關鍵在於調頻，使得送電和受電兩個電路具有相同的頻率。

（3）微波諧振輸電

　　這種無線充電的原理是利用微波發射裝置發射微波，由微波接收裝置捕捉微波能量將其轉換並調整，以得到穩定的直流電。微波諧振在三種無線充電技術中傳輸距離最遠，但傳輸效率很低，且無法同時達到安全、遠距離、高功率的無線能量傳輸。

12. 主動降噪耳機為何會導致耳壓不適？主動降噪耳機是否會損傷聽力或者帶來其他健康風險？

　　主動降噪耳機透過採樣口或麥克風收集環境雜訊，再透過主動降噪（Active Noise Cancellation, ANC）晶片處理後，生成一個相位差為 180° 的反相聲波，藉由耳機揚聲器傳播到人耳道。因為主動降噪耳機生成的聲波與雜訊相位相差 180°，所以能抵消掉人耳本應聽到的環境雜訊，從而達到降噪的目的。主動降噪原理示意圖如下：

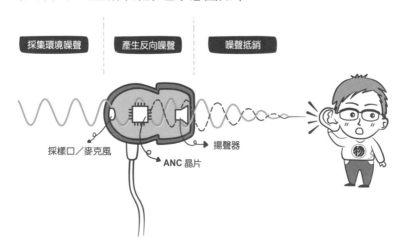

　　而主動降噪耳機引起耳壓不適的原因可能在於其整體外形設計。為了保證降噪效果，主動降噪耳機外形上會更傾向於封閉式設計，這樣空氣振動對耳膜的影響相對來說就會更明顯一些，從而引起不適。這種影響也存在於一些封閉性較好的入耳式耳機上。

　　如果主動降噪耳機的演算法和設計方面沒有明顯缺陷或延遲，那麼它一定程度上對我們的耳朵是有保護作用的，但如果耳機產生的聲波沒能達到反向消除，就有可能會疊加在外界雜訊上並且變得更加明顯，這顯然會對我們的耳朵造成傷害。當然，即使主動降噪耳機效果再好也不要長時間佩戴，生活中還有很多美好的聲音值得我們去傾聽。

13. 為什麼用來傳遞訊息的無線電波能穿牆，可見光不行？

　　無線電波和可見光一樣都是電磁波，不同的是兩者的波長，相比於可見光，無線電波擁有更長的波長。實際上所謂的無線電波「穿牆」大部分都不是直接穿透牆壁，而是發生了繞射現象，即無線電波可以從屏蔽物的邊緣繞過去，覆蓋陰影區域，或是在建築物內多次反射達到穿牆的效果。可見光也存在繞射現象。

　　在電磁波進入牆體內部時，無論是無線電波還是可見光，都會存在被材料吸收的現象，產生穿透損耗，這種損耗與電磁波的頻率和材料的性質及尺寸有關。無線電波的波長長、頻率低，這一範圍內的電磁波在穿透物質時不會引起材料內部電子躍遷等現象，因此材料對無線電波的吸收率比較低。而可見光光子的能量與電子能階的能量差在數量級上接近，可能引起電子躍遷等現象，導致材料對可見光波段的電磁波具有較高的吸收率，因此可見光就很難穿牆而過了。

14. 特斯拉線圈真的能演奏音樂嗎？

當然可以！傳統的特斯拉線圈是利用變壓器使普通電壓升壓，然後經由兩極線圈從放電終端放電的設備，可以獲得上百萬伏的高頻電壓，相當於幾十隻皮卡丘。特斯拉線圈具體的工作過程如下：變壓器為高壓電容充電，打火器放電形成 LC 振盪電路，初級線圈產生的交變磁場被次級線圈吸收，次級線圈頂端放電，系統儲存的能量減少，諧振電流不足以維持等離子通道，打火器關斷，次級放電停止，然後變壓器再次為高壓電容充電。由於特斯拉線圈在終端放電時可以看到閃電，因此也可以稱之為人工閃電製造器。

透過改造傳統特斯拉線圈，人們製作出固態特斯拉線圈。這種線圈使用半導體代替打火器，具有更高的靈活性，便於調製甚至播放音樂，其中效果最好的就是雙諧振固態特斯拉線圈。特斯拉線圈每次放電都會造成空氣的振動，當放電的頻率改變時，空氣振動的頻率也變了，由此產生不同的音調。普通的火花隙特斯拉線圈是做不到的，想要演奏音樂，通常要用固態特斯拉線圈。控制特斯拉線圈的一個裝置叫作滅弧器，滅弧器的作用是把供給線圈的頻率給固定住，這樣一來，基於驅動線圈的不同頻率，我們就能聽到線圈發出的聲音了。把音樂訊號輸入滅弧器，滅弧器就會把音樂的頻率傳給線圈，我們就能聽到音樂了，這可以稱為真

正的「電音」。如果不帶滅弧器而空轉線圈，我們一般只能聽到很低的雜訊。特斯拉線圈的諧振頻率遠超出人的聽覺範圍，大約在十萬到百萬赫茲的數量級。要想聽到線圈的聲音，只有改變其輸出頻率，或者用一個固定的頻率干擾，這就是滅弧器在整個電路中的作用。

15. 飯卡、門禁卡等感應卡是怎麼運作的？這類卡片可以被複製嗎？

感應卡的主體是一個晶片，晶片連著一個線圈。要觀察這個結構，可以打開手機的手電筒功能，貼住飯卡，透過光線可以看到這種結構的影子。當然，小心拆開可以看得更清楚，網上就有許多拆卡教程。

飯卡和讀卡器的通信本質上是兩個線圈的互感。當飯卡靠近讀卡器時，讀卡器線圈發射的信號會在線圈中產生一個感應電流。這個電流既是一條詢問消息，也是驅動晶片的電源。晶片通電的同時，收到詢問消息，就可以做出應答，應答的信號透過線圈發回給讀卡器，構成一個小巧的通信鏈路，完成超短距離通信。

複製鏈路本身並不困難，知道了飯卡晶片的型號就可以在網上買到相應晶片，線圈也可以找導線自己繞，困難的是解讀通信的內容。現在的射頻訊號通常經過加密，當密碼的

訊息量比訊號的訊息量大時，理論上無法知道讀卡器和飯卡在「說」些什麼。

16. 書店用來防盜的小金屬片是什麼原理？

小金屬片是圖書防盜磁條，也稱 EM 防盜磁條，所用的材料主要是鐵、鈷、鎳等金屬材料。這些金屬高溫熔融時在壓力的作用下從石英噴嘴高速噴出，在高速轉動的低溫輪盤側邊形成固態條狀物（稱為甩帶）。從液態到固態的轉變被控制在極短的時間內，得到的固體條帶是非晶材料。當成分配製合理、製作工藝科學時，所得到的非晶材料會具有很高的導磁率，具有陡峭的磁滯回線。下圖即為軟磁材料的磁滯回線。

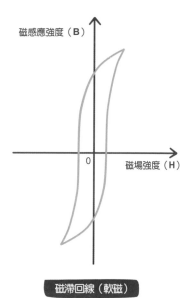

磁滯回線（軟磁）

　　電磁波防盜系統的基本原理是透過交變磁場檢測磁條的磁性變化來區分被保護物件是否帶有磁條，從而達到防盜的目的。用檢測天線（發射天線和接收天線）產生 10Hz 到 20kHz 的低頻交變磁場進行檢測，檢測物件是附著在被保護對象上的磁條。當磁條位於發射天線產生的交變磁場當中時，其極性被週期性地反覆磁化。由於磁條具有高磁導率和陡峭的磁滯回線，磁條中的磁通密度在外加磁場強度趨於 0 時跳躍變化（非線性特徵），由此產生了以發射天線頻率為基頻的諧波，這些諧波被接收天線接收和處理，產生警報信號。

17. 為什麼有的電線裡面是一根粗銅線，而有的是由很多銅線絞在一起的呢？

　　這兩種線分別叫作單芯線（一根粗粗的銅線）和多芯線（很多細細的銅絲）。單芯線的強度大，抗拉力更強，不易被拉斷，比較適合長距離佈線；但單芯線也相對更硬，不容易彎折。室內裝修佈線經常會「九彎十八拐」，多芯線相對更柔軟，方便彎折佈線。

　　對於交流電來說，導線內部的電流並不是均勻分佈的，隨著與導線表面距離的增加，電流密度呈指數形式迅速衰減，導致電流集中在導線的表面上（集膚效應），使得導

線的電阻增加。就像雙向八線道的大馬路，集膚效應 (skin effect) 導致來往車輛大部分都在靠兩側的四線道行進，而中間的四線道幾乎空著，道路利用率大大降低，於是便很容易堵車了（電阻增大）。高頻交流電下，由於集膚效應的影響，單芯線中心部分電流密度很小，相當於有所「浪費」；而多芯線由於每一根導線絲都很細，相對而言「浪費」得很少。傳輸高頻交流電的里茲線便是編織起來的多芯線，目的之一便是減緩集膚效應帶來的影響。

18. 乾電池能充電嗎？

現在所用的乾電池一般是鹼性鋅錳電池。鹼性鋅錳電池放電時內部發生的反應如下：

正極：$2MnO_2+2H_2O+2e- \rightarrow 2MnOOH+2OH-$

負極：$Zn-2e-+2OH- \rightarrow ZnO+H_2O$

總反應：$Zn+2MnO_2+H2O \rightarrow 2MnOOH+ZnO$

知道了乾電池放電時發生的反應，就可以回答乾電池能否充電的問題。簡單地說，幫電池充電就是讓電池中放電時發生的反應反向進行。給鹼性鋅錳電池充電並不能讓放電時發生的反應完全反向進行，這期間會有副反應發生，比如

發生電解水的反應,這就有可能使電池內部壓力過大而破裂。當然,也有人嘗試過用小電流給鹼性鋅錳電池充電,雖然也能充進去,但是不推薦這麼做,容易發生事故。

19. 特效為什麼要用綠幕,而不是辨別度更高的白幕,綠色有什麼優勢嗎?

摳像的要求是純色背景,純度越高、背景越均勻越好,因此理論上來說紅橙黃綠藍靛紫任何一種顏色都可以做背景色,只要被摳像的物體上沒有大面積相近色就好。當然,這個相近是對於電腦的解析度而言的。另外,即時攝影機感光晶片採集的色彩是紅、藍、綠三原色,而紅色服飾的演員和物體太常見,所以藍綠兩色常作為摳像背景色,由於綠色感光點較多,可採集的訊息量也最大,因此被廣泛應用於特效拍攝。

20. 為什麼把話筒靠近並對準音響時會發出奇怪的雜訊?

我們通常稱這種現象為「嘯叫」。在 KTV 或其他室內條件下,由於室內聲學環境複雜,如果沒有經過專業調音,音響系統打開後,音響效果則完全依賴音響系統自身,導致聲音渾濁不清並且經常出現由於聲回饋而引起的「嘯叫」,甚至系統經常因此出現故障而停止工作。

「嘯叫」，甚至系統經常因此出現故障而停止工作。

　　傳聲器拾取的音源聲波經過調音台、周邊設備和功率放大器進行放大後，由揚聲器將聲波送入聲場，在這一過程中，音源的聲波和諧波在聲場中進行多次散亂的反射，一部分聲波又重新進入了拾音的傳聲器。這部分重新進入傳聲器的聲波又會經過調音台、周邊設備和功率放大器，再由揚聲器送入聲場中。其中一些頻率的聲波反射比較強，形成了迴圈放大，產生了「正回饋」，最終造成某一些頻率聲波被無數次放大疊加，逐漸積累從而產生「嘯叫」現象，當我們把話筒靠近並對準音響時這種現象尤為明顯。

　　回饋現象產生的原因如下：首先，擴聲環境較差，建築聲學設計不合理，使場中存在「聲聚焦」等問題，從而導致聲場中聲音信號的某些頻率被加強；其次，揚聲器佈局不合理，演唱者使用的傳聲器直接對準音箱聲波輻射的方向，從而使音箱輻射的聲波經傳聲器迴圈放大，形成「正回饋」。除此之外還有一些因素，電聲設備選擇不當，比如所選的傳聲器靈敏度太高，指向性過強；擴聲系統調試不良，有的音響設備處於臨界工作狀態，稍有干擾就會產生自激，從而產生聲回授（acoustic feedback）。

▶▶ 腦洞時刻 ◀◀

01. 電腦用黑色的桌布會比白色的桌布省電嗎？

　　這一題的答案，要看你的電腦螢幕是哪種類型的螢幕。

　　現在大家使用的電腦螢幕絕大多數都是液晶螢幕。液晶螢幕本身並不會發光，而是分為兩個部分：液晶面板和背光模組。只要你不關閉螢幕，背光模組始終在發光，而透不透光由液晶模組控制，液晶模塊中的液晶分子僅允許特定方向振動的光通過，有光通過的畫素點就是亮的。

　　主流的液晶螢幕技術分為三類：TN（扭曲向列型）、IPS（平面轉換型）和 VA（垂直排列型）。區分它們的方式很簡單，一般來說，TN 屏可視角度較差，如果不是正對著螢幕的話，看到的螢幕顏色會失真；而 VA 屏和 IPS 屏可視角度會大很多，螢幕看起來更加均勻。

　　TN 屏上的液晶分子在不加電壓的情況下呈現螺旋狀，正好允許光通過，此時螢幕上對應的畫素點是亮的；而在施加電壓後，液晶分子變成同一取向，此時對應螢幕上的畫素

點是暗的。所以，如果你的電腦螢幕是 TN 屏，黑色的壁紙會比白色的壁紙稍微費一點電；而 VA 屏和 IPS 螢幕正好反過來，液晶分子默認不通電的情況下不讓背光通過，螢幕是暗的，所以使用黑色的桌布會稍微省一點電。

02. 電視畫面是由一個個色塊構成，人眼接受畫面也是用一個個細胞，為什麼不會出現摩爾紋？

用數位相機（或手機）直接拍攝電腦、電視的畫面，拍出來的照片會出現「魔性」的條紋，干擾我們看清照片的內容，這就是摩爾紋。摩爾紋是由兩個週期性圖案疊加在一起產生的，與差拍的原理相同，當兩個圖案的週期相近時，就會出現明暗變化。

電腦、電視的螢幕實際上是靠無數微小的「畫素」來顯示圖案的。這些顯示單元整齊地排列在一起，具有週期性結構。而數位相機的感光晶片也是由一個個感光單元整齊排列構成的。如果螢幕畫素在相機內成像的週期和相機感光單元的週期相近，就會出現摩爾紋。

人眼視網膜也是由一個個感光細胞排列構成的，其中能感色的視錐細胞不過 400 萬（不如專業的相機），為什麼人眼看螢幕不會看到摩爾紋呢？首先，人眼視細胞的排布並不規律，沒有明顯的週期性。黃斑區集中了大量的視錐細

胞，其他部位則較少。沒有週期就不會與有固定週期的螢幕形成差拍，因此人眼看不到摩爾紋。

其次，人感受到的視覺信號經過大腦的處理，已經不是視細胞信號的簡單疊加。人眼在看東西時不是固定不動的，而是在不斷地調整視角，使視野中心最清晰的部分能覆蓋更多面積；再由大腦把各個角度看到的圖像進行合成、濾波等，最終得到視覺。在這個過程中，有些信號被加強，有些信號被減弱甚至忽略，並不完全對應光學上的原始圖像。

03. 投影機長時間投影在白牆上，白牆會變黑嗎？

辦公室或者家用的投影機裡面燈泡的發光功率一般在 200W 左右，如果不計損耗，燈泡發出的光均勻照射在 $2m^2$ 左右的白牆上，那麼白牆表面輻照度為 $100W/m^2$。要知道，晴天的海平面最大表面輻照度約為 $1000W/m^2$，而白牆表面輻照度僅為其 1/10，陽光尚且不會把白牆曬黑，那麼投影機就更不會把白牆「曬黑」了。

不過，實際生活中確實存在利用光線改變物體材料表面顏色的例子，比如工廠裡廣泛應用的雷射打標機。將幾十瓦功率的雷射聚焦在立方公分的區域，就可以在材料表面引發熱效應，從而在金屬、塑膠、塗料等表面蝕刻出想要的花紋，或者誘發化學反應進行著色等。

　　「回答正確！回答正確！回答正確！」機器人不斷對物理君的精彩回答做出反應。路上機器人的戒備眼看著也全都解除了。

　　「現在我們可以走了嗎？」在回答完最後一個問題後，物理君一邊抱緊薛小貓一邊問，害怕它又惹出什麼難以收拾的禍來。「兩位朋友，」聽見機器人對自己的稱呼都變了，物理君緊張的心情也慢慢放鬆下來，「我還有幾個關於螢幕的問題想要問問你。」機器人指指自己的頭。

　　「沒問題，其實我也想問問你怎麼規劃接下來去悟理學院的路呢！」物理君答。

　　「根據計算，取道光谷最近，我們數位城還可以提供飛機送你們到那邊。」領頭機器人的螢幕上出現一個笑臉。物理君表示了感謝，又拍拍薛小貓的頭：「在飛機上我可要好好教育教育你，免得再惹禍！」

▶▶解鎖工具：飛機◀◀

01. 飛機的窗戶為什麼是橢圓的？

最初飛機的窗戶並不是橢圓形的，而是和我們日常生活中看到的一樣，是矩形的。但是隨著技術的不斷提高，飛機這種交通方式越來越普及，為了減小飛行阻力、降低油耗以及避免低壓層的氣流，飛機飛得越來越高，對此飛機內外也做出了相應的調整。比如對飛機內部進行密封加壓，好讓旅客在內部能夠生存；將機身改為圓柱體，因為這樣能承受較大的內部壓力。但這反過來又會給內部空氣和外界空氣之間製造一個壓力差，飛機飛得越高，這個壓力差就會越大，因此飛機的機身會出現輕微的擴張，壓力會使得機身材料發生形變。起初在進行這些調整時，工程師們並沒有意識到窗戶的形狀有何不妥，依舊採用矩形窗戶，直到發生了幾起墜機事故，飛機窗戶的形狀問題才被重視。

由於機艙內壓力很大，當窗戶形狀為矩形的時候，四個角上會發生應力集中，容易在內部產生裂紋，而飛機在飛行過程中承受著各種載荷，對機身的材料造成一定程度上的破

壞。這些載荷和內部裂紋的共同作用會導致飛機機身材料斷裂，造成事故。雖然橢圓形的窗戶在一定程度上也會產生應力不平衡，但是相比矩形來說已經好很多了。

所以飛機的窗戶設計成橢圓形不僅僅是為了美觀，更重要的是可以減弱材料應力集中程度，從而保證飛機的飛行壽命及乘客的人身安全。

02. 飛機如何轉彎？

操縱汽車等陸上交通工具比較容易，利用方向盤控制前輪偏轉即可操控方向。而飛機在空中無依無靠，所以操縱的複雜性和難度就大得多。一架飛機的操縱，必須透過操縱機構控制三個氣動操縱面（升降舵、方向舵和副翼）的偏轉來完成。依據空氣動力作用原理，三個氣動操縱面的控制基本一樣，都是改變舵面上的空氣動力，產生附加力和相對於飛機重心的操縱力矩，達到改變飛機飛行狀態的目的。

飛機轉彎主要是透過方向舵和副翼來完成的。方向舵位是位於垂直尾翼後緣的可動翼面，一般可左右偏轉 30°。飛行員踩左腳蹬時，傳動機構可使方向舵向左偏轉。這時正面吹來的氣流使方向舵產生一個附加力，方向向右，這個力與重心共同作用產生使飛機向左偏航的力矩，飛機飛行方向向左偏轉。操縱飛機向右偏航的動作相反，但原理一樣。不過

僅操縱方向舵會引起側向滑行，不能使飛機轉彎，還必須同時操縱副翼。轉彎時，飛機必須傾斜，也就是左右主翼一高一低。如果飛行員向左壓駕駛桿，左邊副翼向上偏，右邊副翼向下偏。左副翼上偏使迎角減小，左翼升力降低；右副翼下偏使迎角增大，右翼升力增大。左右機翼產生的升力差相對於飛機縱軸產生一個桶滾（barrel-roll）力矩，進而使飛機向左方傾斜，完成左轉彎。反之亦然。

03. 進入機場的防爆檢查，為什麼要拿張「小紙條」在身上蹭一下？

一般情況下，如果接觸過爆炸物，人身上通常會殘留痕量的爆炸物顆粒，安檢人員拿「小紙條」在被測人身上蹭一下，其實是在用試紙擦拭其衣服或行李，在擦拭取樣過程中，如果被測人身上有爆炸物顆粒，就會被試紙採集到，然後安檢人員將試紙放入探測器中，就可以判斷被測人員是否接觸過爆炸物或其他危險物品了。除了擦拭取樣外，也可以進行吸氣取樣，這兩種取樣方式的檢測原理是一樣的。這種痕量爆炸物探測技術有能力檢測和識別低濃度的氣體，即模擬犬類的能力，所以也被稱作「電子鼻」。

探測器內部的探測技術分為很多種。以較為成熟的離子遷移光譜（Ion mobility spectroscopy, IMS）技術為例，在一定

條件下，樣品氣體分子被離子化後，不同的離子通過電場的漂移時間各不相同，該技術利用這一特點，根據對漂移時間的測量來間接達到對樣品的分離和檢測，從而判斷被檢人員是否接觸過爆炸物。

04. 直升機懸停在半空中，一天後可到地球的另一端嗎？

不可以。物理學中常說，靜止是相對的，在不同參照物下的「懸停」自然也不一樣。我們一般提到的懸停都是相對於地面來說的，這個時候站在地面的我們雖然看到直升機懸停在半空中沒有動，但如果你站到月球上去看，就會發現直升機是隨著地球一起轉動的，這與站在地面上不動的我們實際上隨著地球一起轉動是一樣的道理。所以懸停的直升機不管過多久都會在原來所在地面位置的上方，而不會到達地球的另一端。

05. 螞蟻從飛機的巡航高度摔下來，如果不考慮氧氣因素，它會死嗎？

我們對螞蟻進行一個應力分析：如果單獨考慮重力因素，重力加速度取值 $9.8m/s^2$，螞蟻從上萬公尺高空掉落到海平面的位置大概需要 45 秒，最終的速度為 $441m/s$，以這一速度落地的螞蟻必定會死。

158

　　然而螞蟻除了受到重力作用外，還會受到空氣阻力及浮力影響。科學研究表明，物體的下落速度越快，它所受到的空氣阻力也就越大。此外，物體所受到的空氣阻力還與它的迎風面大小有關。

　　螞蟻的迎風面在 20mm² 左右，下落時受到的阻力比雨滴所受到的阻力還要大一點。一隻螞蟻的質量按 0.05g 算，根據 $G = mg$ 計算可知，一隻螞蟻大約受到 0.00049N 的重力作用，當螞蟻達到一定速度時，它所受到的阻力就會與重力保持平衡，這時螞蟻的速度就不會再繼續增加了。螞蟻掉落時的平衡速度大約為 6.4km/h。由於螞蟻的質量小，撞擊地面時的動能僅為 0.00008 焦耳左右，同時螞蟻具有外骨骼和強韌的肌肉，可以承受很大的衝擊力，因此這麼小的撞擊能量對螞蟻產生不了任何危害。

光學裡的物理

牛頓光谷

　　飛機平穩降落，物理君和薛小貓飽餐一頓後來到了牛頓光谷，道路兩旁都是和光電產品有關的商場。首先映入眼簾的是一家燈飾城，外牆璀璨奪目的燈光表演吸引了物理君和薛小貓的注意。貪玩的薛小貓一溜煙地跑進燈飾城裡逛了起來。燈飾城不僅是燈的世界，更是光的世界，功能各異、造型精美的燈飾發出五顏六色的光芒，讓人目不暇接。物理君帶著薛小貓一路逛一路看，他們在燈飾城的中央發現了一個展廳。

　　這是一個關於電燈發展史和電燈種類的展示廳，裡面介紹了從白熾燈到螢光燈再到 LED 燈的電燈「進化史」。薛小貓忍不住問物理君：「電燈的種類這麼多，在這個燈飾城裡就有幾百種，琳瑯滿目，可你能歸納出它們發光的原理嗎？」「小貓，你也太小瞧我了吧，我好歹是個物理學在讀博士呢，」物理君笑了笑說，「電燈的發光原理自然就是電子的躍遷啦，這可難不倒我。」

　　這時，展廳的導覽員聽到了物理君和薛小貓的對話，說：「剛好我們這兒有個有獎徵答的活動，獎品是往返 100 公里外新開的氣象館的高鐵票，我看你們知識淵博，要不要來答幾道題試試？」物理君大致掃了一下牆上的問題，都是光學方面的，雖然有的難度不小，不過都在自己的能力範圍之內。「那

我就來試著回答一下吧，」物理君胸有成竹地說，「獻醜了，
就從白光 LED 這題開始……」

01. 白光 LED 是什麼原理？

　　LED（發光二極體）是一種能夠將電能轉化為光能的半導體固體發光裝置，主要透過半導體中的電子和空穴複合釋放光子，但 PN 結發光也不能發出具有連續光譜的白光，所以需要多種發光晶片組合或晶片與發光材料組合發出白光。

　　從發光機理上來說，可以透過藍光 LED 晶片激發黃色螢光粉形成白光，該方法技術成熟但是紅光不足，合成的白光較差，色溫較高；或者用紫外光芯基色螢光粉共同合成白光，這種方法避免了紅光不足的缺點，但封裝工藝複雜且不同螢光粉微粒間還存在光的再吸收現象；此外，還可以用發射出三基色的多個半導體晶片進行組合發光等方法合成白光，但成本較高，控制電路複雜。

　　上述方法各有優劣，目前科研人員也在研究新的技術來產生白光 LED，比如可以透過調節晶片結構達到白光發射，或利用可以產生多個顏色光的特殊螢光材料複合成白光等。

02. 拍照時，為什麼拍快速運動的物體時會糊掉？

　　拍照是讓物體發射或者反射的光線落在膠片或感測器上成實像。為了使圖像清晰，所有來自被攝物體上單個點的光必須落在膠片或感測器上的單個點上。例如，用手機幫男 /

女朋友拍大頭照時，希望從左眼反射的所有光都落在感測器的一部分畫素點上，而從鼻子反射的所有光都落在另一部分畫素點上。若來自面部不同部位的光落在感測器同一個區域的畫素點，來自面部相同部位的光分散到了感測器其他區域的畫素點，就會導致面部的每個部分都與其他部分混合在一起，無法區分，從而造成照片模糊。

假設你正在拍攝一個人的照片，而被拍的人正在移動他的手。當快門打開時，相機會將來自被攝物體的光線導向感測器的特定部分。但是，由於手正在移動，因此來自新位置的手的光線會由相機導至感測器的其他部分。因此，來自不同位置的手的光線最終會到達感測器的不同畫素點。這導致圖像看起來像是被手塗抹了一樣。

03.3D 眼鏡是什麼原理？

人眼看東西能有立體感是因為兩隻眼睛的位置不同，看東西會有兩個不同的視角。兩個不同視角的內容經過大腦的「腦補」，就產生了立體感。3D 電影拍攝時模仿了人眼，有兩台位置不同的攝影機同時拍攝。放映的時候同時播放兩台攝影機拍攝的畫面，如果不戴 3D 眼鏡直接觀看，會發現電影有「重影」，這是因為兩台攝影機的畫面有略微視差。而 3D 眼鏡則能夠讓左（右）眼只看到左（右）攝影機拍到

的畫面，從而形成 3D 的視覺效果。3D 眼鏡有紅藍眼鏡、偏振光眼鏡、液晶快門眼鏡幾種，最早出現的是紅藍眼鏡。電影放映時，兩幅畫面分別是紅色和藍色，紅色的鏡片可以過濾掉所有的藍光，藍色的鏡片可以過濾掉所有的紅光，這樣就可以使左右眼看到不同攝影機拍到的畫面，從而產生 3D 效果。但是紅藍眼鏡看到的色彩失真，體驗不佳。後來出現了偏振光眼鏡，鏡片是一對透射與振動方向互相垂直的偏振片。在放映時，兩個放映機用振動方向互相垂直的兩種偏振光將圖像放映到螢幕上，人眼透過偏振光眼鏡觀看，每隻眼睛只能看到單獨一台攝影機拍攝到的一個圖像，這樣也能產生 3D 效果。液晶快門眼鏡則是利用視覺暫留的原理。放映機以極快的頻率交替放映左右攝影機拍攝到的畫面，液晶快門眼鏡則以同樣的頻率切換，在放映左畫面時只讓左眼能看到，放映右畫面時只讓右眼能看到，這種眼鏡產生的 3D 感最為真實。

04. 如果人透過玻璃窗「曬」太陽，會被曬黑嗎？

玻璃被發明的時候，人們看重它的特點是「透光性好」。這裡的光指的是可見光波段。對於非可見光波段的紫外線，需要分類討論。紫外線包含 UV-A（低頻長波，波長 $320 \sim 400nm$）、UV-B（中頻中波，波長 $275 \sim 320nm$）和

UV-C（高頻短波，波長 200 ～ 275nm）三種類型。其中，UV-C 會幾乎完全被大氣視窗（臭氧層）所吸收，所以它們基本不會把人曬黑。UV-B 也可以導致曬傷，但是普通玻璃的 UV-B 透射率很低，基本都被吸收掉了。UV-A 在玻璃中擁有相當高的透射率（約 75%），這部分的紫外線會導致曬傷或曬黑。不過，利用一些特殊的鍍膜或處理工藝，可以製造出對 UV-A 也具有相對高吸收率的玻璃，比如汽車的擋風玻璃、日常生活中使用的墨鏡，都可以一定程度上削弱 UV-A 的危害。所以，這個問題的結論是，一般的玻璃雖然可以緩解曬傷，但是無法完全避免曬傷；只有使用帶防紫外線工藝的玻璃，才可以基本消除曬傷的風險。

05. 為什麼有些東西在陽光長時間照射下會褪色？

日照褪色是一個複雜的物理變化和化學變化過程。生活中常見的紡織品褪色現象相對來說更明顯，但木頭在長時間的光照下也會發生褪色或變色現象。

一些紡織物在日照下會褪色，可能與紡織物的染色工藝、染料在光照下的化學穩定性以及紡織物的物理性質及環境條件有關。特定的染料在一定波長的光照下會引起其有效成分的分解，外在表現為褪色。這種光照褪色難以避免，但可以透過改進染色及處理工藝、改變織物纖維的理化性質

（如調節其酸鹼性、含水量等）或加入一些耐日曬牢度提升劑等方法來抑制日照褪色過程。

一些經過染色處理的木材在光照下褪色，除了由染料發生化學變化引起，還因為木材成分的化學結構發生了顯著變化。當然，未經過染色處理的木材也可能出現變色。在光作用下，木材表面組織結構變化，這是複雜的光化學作用，是一種光化學變色。這種變色既與吸收光的輻射有關，又與氧化有關。例如，落葉松的木質素在光照下經過一系列反應形成苯氧游離基，進一步反應形成苯醌，然後由苯醌形成發色物質。木質素以外成分的光變色則不是因為形成了某種著色結構，而是由於木材中還存在少量的抽提物，抽提物中的部分物質與木質素有相似的結構，在光照下發生氧化分解反應導致變色。

所以，物質在長時間日照下是否褪色或變色，主要看其化學成分或理化性質是否發生變化，不同物質或加工工藝都會對這一過程產生影響。

06. 螢光棒是怎麼發光的？

玩過螢光棒的人都知道，螢光棒剛拿出來時是直直的一根，不會發光，需要將它彎折幾下，讓裡面封裝的固體破碎，才能發光。螢光棒塑膠外殼裡面的固體其實是一根中空

玻璃管，玻璃管內有過氧化氫，玻璃管外有酯類化合物（一般是草酸二苯酯或它的衍生物）和一些螢光染料。當我們把玻璃管弄碎時，過氧化氫和酯類化合物發生反應會釋放能量，而這部分能量會使螢光染料成為激發態，當螢光染料去激發（de-excitation）的時候，就會向外輻射光。螢光棒所發出的顏色與螢光染料的結構有關。

07. 有沒有不含金屬的鏡子？

有，但是性能不一定好。

鏡子的原理是鏡面反射，需要鏡子的表面足夠平整。鏡子的表面越平滑，鏡子的性能越好。因此，製作鏡子的材料需要滿足一些性質：能方便地製出極為光滑的平面，且對可見光的反射率非常高。相當多的金屬單質天然滿足這兩個要素，其中銀、鋁等金屬在可見光波段的反射率接近 100%。

除此之外，塑膠、陶瓷（比如有些手機的後蓋有的時候可以拿來照鏡子）、玻璃（手機螢幕常常映出自己的臉）的表面，都具有一定程度的反光性能。雖然把這些材料表面做光滑的技術難度也不高，但是它們的反光率依然無法和銀、鋁製成的鏡子相提並論。

08. 為什麼仔細看影子的邊緣是模糊的？

這一物理概念稱為半影。我們簡單假設光源為點光源，而物體為一球體，那麼由 A 引出球體的切線，所對應的陰影區（影子）和光照區域就區分出來了。而現實生活中不存在理想點光源，此時由於光源不再是點，那麼引出的切線就會有內切和外切之分，這兩種切線之間的區域就是半影區。相比於本影區和光照區域，半影區接受到部分光照，而且離本影區越近，亮度越低。這部分半影區就是我們看到的模糊的影子。

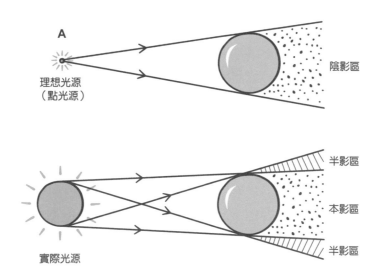

A

理想光源
（點光源）

陰影區

半影區

本影區

半影區

實際光源

09. 單面鏡的原理是什麼？

單面鏡（也叫原子鏡、單向透視玻璃）是一種對可見光具有很高反射率的特種玻璃。一般的玻璃從兩面都可以看到另一面的事物，而普通的鏡子只有反射的功能。與一般的透明玻璃或者全反射鏡不同，從單面鏡的一面可以看到另一面的物體，從另一面卻只能看到自己的像。這與玻璃上的鍍膜厚度直接相關。以常見的普通透明玻璃為例，玻璃上不鍍膜時，透射率遠大於反射率，玻璃是透明的。可以透過控制膜的厚度使玻璃能夠反射部分光的同時透過部分光線，合理控制玻璃兩側的光線強弱則可以達到單面鏡的功能。在實際使用中，當身處有強光的房間時，因為光線充足，反射的光較多，便會在鏡中看見自己的影像。反過來在另一面光線很微弱的房間裡，雖然其房間裡部分光線也可以穿過單面反光鏡，但由於光度很低，所以強光房間的人無法感受到，只能看到自己的影像。由於強光房間的光線透過了單面鏡，使得暗房間的人能夠看到強光房間的情形，此時暗房間所反射的影像就被掩蓋了。就好像在街燈的強光下，我們不能看見螢火蟲一樣，因為來自螢火蟲的微弱光線被街燈的光蓋過了。但當單面鏡兩邊的光線強弱差異不大時，兩邊就都可以互相透視了。

10. 為什麼彩虹總是彎的,沒有直的?

　　彩虹形成的自然條件需要空氣中有水滴,觀察者背對陽光,光以低角度照射空氣中的小水滴,光在水滴之中經過折射和反射到達人眼中。不同顏色的光頻率不同,其通過不同介質的折射率也不同,頻率越高,折射率越大,因此,白光經過折射可以形成「七彩」的虹。

　　一束光線經過球形水滴的折射與反射後存在一個角度偏差,根據司乃耳定律(Snell's Law)和反射定律可以證明,偏差最小對應的角度範圍內的光線是最集中的,即視覺效果顯著。以紅光為例,水滴折射出的光線與太陽光形成的夾角為 42.52°。以人眼為圓錐點,太陽光平行的方向為高,

42.52° 為母線與高的夾角，光線形成一個圓錐面，由於眼睛無法區分距離，所以看到的是一個圓弧（其他角度由於光線的密度低，會發散）。不同的光線，其夾角會有微小區別，因此會形成七彩圓形的虹。由於地面的阻擋，我們只能看到圓弧的一部分，即一個彎曲的拱形虹。

11. 晚上去湖邊發現燈光在湖面上的倒影被拉得很長，長度似乎與亮度有關，請問是為什麼？

鏡面之所以可以映出清晰的像是因為鏡面很光滑。光射到鏡面之後發生鏡面反射，反射後的光只相當於入射光整體進行了轉向，光線之間的關係並沒有發生改變，所以眼睛在接收到光線以後就能看到清晰的物像。

另一種反射是漫反射。一般的牆面發生的是漫反射，反射光朝各個方向胡亂反射，所以光線裡攜帶的關於物像的資訊被完全打亂了，因此一般的牆面不能映出物像來。

水面介於兩者之間：在大範圍內，水面有褶皺，但是在小範圍內，水面還是很平整的。所以經過水面的反射，人可以看到物的像；但是由於褶皺的存在，在大範圍內看，物像還是有明顯的失真。有的褶皺表現得像凹面鏡，導致影像被壓縮；還有的皺褶表現得像凸面鏡，導致影像被拉長。這些因素綜合在一起，就使水面倒影形成其特點。

12. 物質燃燒過程中為什麼會發光？

　　燃燒是劇烈的化學反應，是化學能轉化為熱能和光能的一個過程。物質的發熱機制十分簡單：燃燒過程中某些化學鍵被破壞，新的化學鍵重組，當總的新化學鍵能小於舊化學鍵能時，這個過程放出能量（燃燒一般是放出能量的，但是不能排除吸熱的燃燒反應）。

　　一般燃燒過程中的發光現象與兩種發光機制有關，一是熱輻射發光，二是焰色反應。

　　熱輻射是指物體由於具有溫度而輻射電磁波的現象，一切溫度高於絕對零度的物體都能產生熱輻射，溫度越高，輻射出的總功率就越大，短波成分也越多。熱輻射的光譜是連續譜，波長覆蓋範圍理論上可從 0 直至無窮大，一般的熱輻射主要波長範圍為較長的可見光和紅外線。

　　焰色反應是另一種常見的光學現象。特定的物質在燃燒的高溫下，其外層電子被激發到高能階。這些電子在向低能階躍遷時會發出某些特定波長的光，當這些波長處於可見波段時，就會呈現特定的顏色。

13. 為什麼彩虹外面會有另一個顏色排列順序相反的淺色彩虹？

彩虹外面那個顏色排列順序相反的淺色彩虹叫作「霓」，也叫「副虹」。

雨後的天空有很多小水滴，能產生三稜鏡分光的效果。霓和虹都是陽光在水滴內經過多次折射和反射後形成的。不同的是，彩虹是陽光發生一次反射和兩次折射形成的，霓是陽光發生兩次反射和兩次折射形成的。因為霓的產生多了一次反射，所以它的顏色排列和彩虹剛好相反，並且出現在彩虹的週邊；也正因為多了一次反射，所以它比彩虹顯得更黯淡一些。

14. 光速是怎樣被測量和計算出來的？

如何測量光速是一個很古老的問題，這裡我們介紹一個簡單又具有較高精度的測量方法：

1849 年，德國物理學家索末菲（Arnold Sommerfeld）提出了旋轉齒輪法。

他將一個點光源放在透鏡的焦點處，在透鏡與光源之間放一個齒輪，在透鏡的另一側較遠處依次放置另一個透鏡和一個平面鏡，平面鏡位於第二個透鏡的焦點處。點光源發出的光經過齒輪和透鏡後變成平行光，平行光經過第二個透

鏡後又在平面鏡上聚於一點，在平面鏡上反射後按原路返回。由於齒輪有齒隙和齒，當光通過齒隙時，觀察者就可以看到返回的光，當光恰好遇到齒時就會被遮住。從開始到返回的光第一次消失的時間就是光往返一次所用的時間，根據齒輪的轉速，可以求出光運行的時間。透過這種方法，索末菲測得的光速是 315000km/s。下圖是不加透鏡的原理圖：

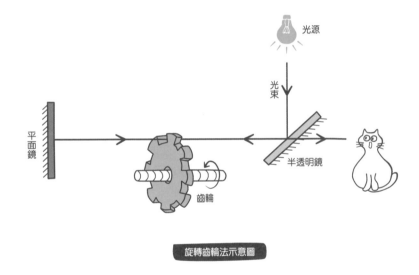

旋轉齒輪法示意圖

15. 光速可以被超越嗎？

光速並不是「速度」的極限，現代物理學中有很多現象可能在數學形式上是「超光速」的，但是這並不能傳遞資訊。

　　目前量子實驗的證據表明，相互糾纏起來的一對量子位元（qubit）發生量子去相干的時候，去相干的傳遞速度幾乎是「瞬間的」，這也超過了光速。但是，去相干也不能傳遞資訊，因為無論去相干是否發生，單次測量的機率分佈都不會改變。

　　廣義相對論中，因為時空或度規發生改變引起的「兩點之間的距離的增加速度」也是可以超光速的，典型的例子就是現在宇宙學模型中的哈伯紅移。這些遙遠星體「遠離」我們的速度，是有可能「超」光速的。這種現象來自宇宙的背景，也無法用來傳遞資訊（無法改變）。

　　現代物理學界的認識是，無法超光速傳遞資訊，光速是資訊傳遞速度的極限。這個定律的正確性由實驗保證，我們目前還沒有觀測到它失效的情形。

16. 雷射降溫分子，做功使得分子熱運動減緩，能量去了哪裡？

　　雷射製冷中所使用的光子略低於電子之間能階間距，因為都卜勒效應（Doppler effect），只有光子電子相向運動的時候才會引起原子對光子的高效吸收。原子吸收了某個定向的光子後，電子躍遷到了能量較高的狀態，並且速度被降低。接著，電子又向低能態躍遷，會重新釋放出光子，但是

這個時候釋放出來的光子是各個方向隨機的。所以整個過程讓原子失去了原來的一部分動量，並讓它隨機變換方向加到原子上，以達到製冷的效果。這些能量實際上是又被原子以輻射的形式隨機朝各個方向釋放出去了。

17. 燈發出的光子碰撞在牆上後，牆為什麼沒有輻射出能量？

　　無論是牆還是燈，只要溫度沒有低到絕對零度，就會每時每刻永不停息地輻射出攜帶著能量的光子。這種輻射的強度在物體表面溫度不太低的時候和物體表面溫度的四次方成正比，輻射的峰值頻率和溫度會成正比，這種現象叫作熱輻射。所以，不管燈發出的光子是否到達牆上，牆都會不斷地向環境輻射能量。如果有紅外線成像儀的話，把它對著牆壁，也能發現來自牆體的紅外線訊號，這是因為牆體在對外輻射攜帶能量的紅外光子。

　　那麼燈發出的光子對牆到底有什麼影響呢？光子在到達牆體之後就會被牆吸收，牆體吸收了光子之後溫度就會升高。這就會讓牆體輻射出更多的光子和更多的能量。這種吸收光而提高溫度的現象在日常生活中幾乎無處不在。不過，就算是受到了燈的光照，因為燈的亮度相對而言比較弱，所以牆體表面的溫度上升得很少，輻射出來的能量強度

只比沒有接受光照的牆體強一點點，人類肉眼無法感知到這一變化。

18. 紫色的光和紫外線有什麼區別？為何紫外線可以消毒？

紫色的光和紫外線都是電磁波，區別在於兩者的波長不同。紫色的光波長處於可見光波段，而紫外線，顧名思義，波長在紫色外面，超出了可見光波段範圍。

紫外線比紫光波長更短，根據 $E = hc/\lambda$（光子能量公式），紫外線相對紫光能量更高，因此在某些場合中可以用於消毒。紫外線主要對微生物造成（細菌、病毒、芽孢等病原體）輻射損傷，破壞其遺傳物質，使微生物死亡，從而達到消毒的目的。紫外線對遺傳物質的作用可導致鍵和鏈的斷裂、股間交叉連結和形成光化產物等，從而改變遺傳物質的生物活性，使微生物不能正確自我複製或製造維持生命所必需的蛋白質，這種紫外線損傷也是致死性損傷。

19. 黑體輻射與電子躍遷的本質分別是什麼？

原子內部電子從高能階向低能階躍遷會產生光子，反映在光譜中是分離的譜線；然而熱力學中黑體輻射又表現為連續的譜線。黑體輻射本質上是物質內部的原子或分子等的振

動、轉動等複雜的熱運動產生的。溫度越高，輻射的頻譜越往高頻移動。這與零溫就固有的能帶中電子的躍遷有著本質的不同。電子躍遷涉及帶間的間隔和選擇定則（selection rule），因而會有一些顯著分立的特徵譜線；而黑體輻射來源於這種複雜的熱運動，能量覆蓋整個頻譜，因而輻射看起來是連續的。當然，就本質而言，熱輻射也是熱運動的能階躍遷，它的頻譜也不會是絕對連續的。

20. 為什麼有的玻璃會顯藍色？

　　藍色的玻璃顯藍色並不是因為它吸收了藍色的光，而是因為它吸收了其他顏色的光，僅僅讓藍光透過。以焰色試驗（flame test）為例，觀察鉀離子的焰色試驗需要用到藍色鈷玻璃。鉀和鈉的化學性質類似，所以鉀的化合物中往往會混有微量的鈉，而這些微量的鈉離子在焰色試驗中會發出黃光，掩蓋掉鉀離子發出的紫光。藍色鈷玻璃能吸收鈉離子焰色試驗發出的黃光，而鉀離子發出的紫光則可以透過藍色鈷玻璃，因此就可以觀察到紫色的火焰。隔著藍色鈷玻璃觀察鈉離子焰色試驗的火焰，因為黃光被藍色鈷玻璃吸收了，所以我們會發現原本的黃色火焰變成無色。另外，如果在黑暗環境下用紅光或者綠光照射藍色鈷玻璃，可以發現玻璃顯得發黑，不再呈現藍色。這是因為環境中沒有藍光的成分，而

其他顏色的光被玻璃吸收了。

21. 金屬和石墨的「金屬光澤」是怎麼產生的？

金屬的光澤主要來自金屬自身對可見光的高反射率。金屬一般具有對可見光波段的電磁波的強反射率，其中的緣由需要用固態理論和電動力學來解釋。

金屬內部有大量較為自由的電子。當然它們也並不是完全自由的，還受到原子核和其他電子的庫侖定律。在外加隨時間變化的電磁場（電磁波）時，金屬可以透過改變自身電子的時空分佈來抵消這一外加電磁場，還可以形成表面電漿子（Surface Plasmon）等。在抵消這些電磁波的時候，金屬內部的介電常數（介電回應函數的實部）非常小，解電動力學中的馬克士威方程可以得到，金屬的反射率會非常高（因為穿透不進去也沒法發生損耗，電磁波直接被彈了回去）。石墨每層上也有大量的游離電子，所以和金屬類似，也能反射可見光波段的電磁波，形成所謂的金屬光澤，但是石墨反射率相對金屬較低，所以整體呈黑灰色。

►►腦洞時刻◄◄

01. 為什麼有的人照鏡子時總覺得鏡中的自己比照片醜？

　　實際上，大多數人會覺得鏡子中的自己更加好看。如果你覺得鏡子中的自己比照片醜，可能需要思考以下幾個問題：（1）判斷一下照相的時候自己有沒有化妝，畢竟化妝

與不化妝的差別很大；（2）判斷一下這張照片出自哪位大師之手，恰當的光線加上完美的角度，大師拍出了一張令你十分滿意的照片；（3）判斷一下照片是否經過處理，瘦臉、縮鼻頭、添髮際線等，稍微修改就能令人心情愉悅。

另外，人們通常保存自己拍得比較滿意的照片，即使拍了醜照大多也會刪除，所以用來參照的照片很可能是無數張照片中自己最為滿意的幾張。

02. 雷射武器那麼厲害，用它射向鏡子會怎麼樣？

任何反射鏡面都存在反射率，一般鏡子的反射率約為90%，經過特殊工藝處理後可以達到99%以上。

關於雷射摧毀物體的程度，最核心的參數是吸收功率，這不僅與物體的表面反光率有關，與材質更直接相關。不同波長的雷射會被不同材質吸收，所以雷射武器是可以用鏡子防禦的，因為鏡子反光率高；但是你無法保證鏡子表面一塵不染，也無法保證鏡子的材料是完美沒有缺陷的，一旦鏡面染了塵或者鏡子材料內部有微裂紋等缺陷，高功率的雷射必然會燒毀擊穿鏡子。

03. 一個以光速運動的人，他看到的光也以光速運動，那他看後方的光呢？

由於目前世界上並沒有以光速運動的人，本著科學嚴謹的態度，讓我們嘗試讓地球上某個人搭飛船，然後加速到光速，背著太陽發射出去，看看會發生什麼事。

除了剛開始發射時巨大推力造成的不適之外，太空之旅最初並沒有什麼異樣。由於飛船動力充沛，如果假設飛船在自身暫態靜止參考系中一直穩定地以大約一個重力加速度（$10m/s^2$）加速，那麼連太空失重都不會產生。

在飛船相對自身暫態靜止參考系加速度為 a 時，飛船相對於地球上觀察者的速度 v 與時間 t 的關係是：

$$v = \frac{at}{\sqrt{1+a^2+t^2/c^2}}$$

所以在大約 200 天之後，飛船的速度將會達到光速的50%。此時，第一個相對論性的光學效應已經十分明顯了，那就是光的都卜勒效應（Doppler effect）。星體發出的光波的頻率 fo 與飛船接收到的頻率 f 隨光源與飛船相對速度 v 與相對角度 θ 的關係是：

$$f = f_0 \frac{\sqrt{1-(v/c)^2}}{1-v\cos\theta/c}$$

　　位於飛船前方的天體發出的光頻率增大，顏色逐漸偏藍偏紫（也就是「藍移」），位於飛船後方的天體發出的光頻率減小，顏色逐漸偏紅（「紅移」）。

　　與此同時，第二個相對論性的光學效應也逐漸顯現，那就是相對論性光行差效應。由於飛船相對天體高速運動，飛船接收到的天體光線方向會與地面參考系中方向產生偏差。觀察到的光線方向與飛船速度的夾角 θ 與地面參考系觀測到的夾角 θo 和飛船速度 v 的關係是：

$$\sin\theta = \frac{\sqrt{1-\left(\frac{v}{c}\right)^2}}{1+\frac{v}{c}\cos\theta_0} \sin\theta_0$$

　　可以看出 θ 將隨飛船速度 v 的增加而不斷減小，所以觀察到的星空並不是均勻的，而是在正對飛船速度的方向上更為密集，而相反方向更為稀疏。

　　隨著飛船速度的不斷增加，上述兩種效應將會越發明顯。所以一個無限趨近於光速運動的人，在地面參考系觀察到處於他後方的天體，只要不是正後方（$\theta o = 180°$），在

飛船參考系中最終都會因為光行差效應而到飛船前方來，也就是一個接近光速的人觀察到的星空，是正前方一小塊區域內密集排布許多天體，產生極其亮眼的光，而後方的天空幾乎空無一物；而對於恰好處在正後方的星體發出的光，將會因為都卜勒效應，頻率逐漸降低，最終從可見光變為紅外線，從觀察者的視野中消失。

　　導覽員聽著物理君的回答，不住地點頭，在答完最後一題後，導覽員笑盈盈地說：「恭喜你，獲得了這次有獎徵答的冠軍！」說著拿出兩張高鐵票遞了過去。物理君剛要接過來，導覽員突然想起來了什麼：「對了，我這裡還有幾道獎勵問題，要是能回答上來，還加送氣象館的參觀門票兩張！」物理君成竹在胸：「我接受你的挑戰！」薛小貓在一旁揮舞著貓爪，為物理君加油助威。這些問題完全沒有難倒物理君，拿著高鐵票和氣象館的門票，物理君帶上薛小貓，迫不及待地來到高鐵站，準備前往新落成的氣象館一探究竟。

▶▶解鎖工具：高鐵◀◀

01. 坐在高速行駛的火車上看軌道上的枕木是看不清楚的，但為什麼頭向火車行駛的反方向扭動的一瞬間能看清楚呢？

　　這是一個相對運動問題。在高速行駛的火車上保持眼球和頭不動地看窗外的某一塊枕木，這塊枕木會在極短的時間內退出我們的視野。簡單計算一下，假設火車行駛速度為 50m/s（約 180km/h），枕木間距約為 0.5m，火車會在 0.01s 內經過兩塊枕木，小於人眼的反應時間 0.1s。在火車行駛較快時，可能我們還沒反應過來，火車已經經過了多塊枕木，這就是我們無法看清枕木的原因。

　　但為了看清楚目標枕木，我們會下意識轉頭加上轉動眼球作為輔助來嘗試。這裡也可以做個計算，0.1s 內火車向前行駛 5m，火車上乘客與觀察的目標枕木距離約 5m，假設乘客剛開始向前看，那麼只要在 0.1s 內將視線轉動 60° 就能清晰地看到某一塊枕木。透過眼球轉動輔助轉頭動作，這是很

可能在某一瞬間達成的。

02. 為什麼以前的火車輪子和輪子間會用一個「鐵條」連接起來？

　　火車的輪子和輪子間的「鐵條」實際上是一種連桿機構，屬於平面四桿機構，是火車發動機的運動機構，其主要功能是將氣缸內氣體作用在活塞上的力轉化為曲軸的旋轉力矩，驅使火車車輪轉動。連桿機構是由若干剛性構件透過低對（Lower Pair）連接而成的機構，在生活中極其常見。連桿機構中有一個比較重要的概念——死點，即有效分力為零的點，在這個點上，無論有多大的驅動力都不能使之轉動，因此火車的連桿機構也是多組機構錯位排列的，從而使死點互相避開。

　　現在的高鐵為什麼沒有「鐵條」呢？因為它們都是電力驅動，每個車輪都直接由電力驅動，當然就沒有傳動的必要了。

03. 高鐵上使用的「減速玻璃」的原理是什麼？

　　「減速玻璃」其實就是「安全玻璃」，即兩層鋼化玻璃之間夾一層 PVB（聚乙烯醇縮丁醛）膠片，具有保護車上乘客安全的作用，並沒有「減速」的作用。「減速玻璃」的

說法起源於 1950 至 60 年代，是一些原來開卡車後來開小汽車的司機朋友，感覺小汽車外面的速度比卡車慢而創造出來的新名詞。但實際上，「減速」主要是由於不同車型的車上人的視角不同，車本身的雜訊、顛簸程度，玻璃的畸變性等因素引起的認知誤差。一般來說，小汽車的前引擎蓋比貨車長，所以其視角小，轉瞬即逝的路面出現的時間也就很短，所以相對來說「感覺」沒有貨車那麼快。此外，在高鐵上，由於車廂的密封性好，車體雜訊小，減震能力強，車窗外近處沒有遮擋物，遠處的視角小，車窗視野大，景物的可視時間長，因此會有開得很慢的感覺。

04. 為什麼蚊子可以在高鐵上自由飛行？

蚊子飛行時平均每秒翅膀振動 594 次左右，翅膀的不同運動方式產生的前緣渦流、後緣渦流以及翅膀轉動產生的升力使之能夠在空氣中運動。蚊子飛行的力是其與空氣相互作用產生的，而高速運行的高鐵為避免速度過快導致的空氣壓力差，會密封整個車體，因此我們研究的對象就是蚊子、高鐵內空氣和高鐵這三個物體組成的系統（假設蚊子初始狀態為空中靜止）。

（1）高鐵啟動時，假設空氣與高鐵同速度，此時蚊子

垂直方面受到重力與空氣升力的作用平衡，水平方面受到空氣黏滯力（F，與速度的平方成正比）作用，使之有向前的加速度，其速度會不斷增加。

（2）高鐵勻速的時候，此時高鐵和空氣的速度都是均勻的，蚊子加速到與空氣速度一致的情況下保持相對靜止狀態，此時蚊子可以自由飛行。

（3）高鐵停下的時候，此時與啟動過程類似，空氣黏滯力使蚊子減速到零狀態。

當然，如果蚊子在敞篷車上，它就會被流動的空氣卷跑。

天氣裡的物理

可楨氣象館

　　高鐵終於停靠在月臺上，薛小貓還是一如既往地搶先跳下車，物理君在後面邊喊邊追：「慢點慢點，等等我！」

　　一出高鐵站，物理君就看見一大兩小的三個閃閃發光的穹頂建築，那一定就是氣象館了。精力旺盛的薛小貓三躥兩跳，一轉眼就跑遠了。氣象館看著就在眼前，可是走過去有一段距離，物理君熱得直流汗，心想要是能有一點陰涼就好了。這個念頭剛閃過，只見風雲突變，不知什麼時候飄來的烏雲遮住了太陽，先是兩道閃電，隨後又響起了悶悶的雷聲。「快跑！要下雨了！」物理君追上薛小貓，一把攬起它，拔腿就向氣象館加速飛奔。

　　剛進氣象館，還沒等喘勻氣，就聽見外面下起大雨。物理君和薛小貓一邊聽雨一邊參觀了氣象館的每個展廳，大開眼界。

　　終於來到氣象館出口，這裡豎立著一塊大大的留言板，上面寫滿了參觀者的留言，物理君定睛一看，這上面還有不少問題呢！「喵嗚——」薛小貓一爪拍在留言板的一個問題上——「為什麼下雨前白雲會變成烏雲？」此情此景，物理君手癢起來，拍拍貓頭：「看樣子這雨一時半會兒不會停了，不

如我把這留言板上的問題都解答了，既打發了時間又傳遞了知識，小貓，你覺得呢？」

01. 為什麼下雨前白雲會變成烏雲？

首先，我們需要介紹一下為什麼白雲是白色的。我們所見到的雲，無論白雲烏雲，本質上都是非常小的水滴，而我們所認識到的烏和白的區別，無非就是一大群小水滴的光學性質差異罷了。雲滴或小水滴的直徑和光波波長接近，此時小水滴會對所有頻段的可見光進行散射，具有這種特徵的散射被稱為米氏散射。太陽發出的光線本來就是白的，而雲對太陽光的散射依然可以保持各種頻段（顏色）比例的相對均等，所以白雲和太陽光的顏色是一樣的。

那麼為什麼白雲會在降水前變成烏雲呢？這就涉及光在雲滴中的總透射率的問題。首先，烏雲通常比較厚。在降水前，雲中液滴的數量會增加，雲也會變得更濃厚稠密，更厚的雲就可以吸收掉更多的光線，讓更少的光線進入人的眼睛，這就降低了雲朵的亮度。其次，在降水前，液滴會變大（在變成降水下落前），更大的液滴會引起更大比例的光吸收，這就改變了雲的光學性質，從而讓雲變暗。

02. 為什麼化掉的雪再次遇到低溫就變成了冰而不是雪？

雪和冰雖然都是固態的水，但是從形成過程上來說，下雪和結冰還是有一定差別的。雪是天空中的水汽經凝華而來的固態降水，而結冰則是液態水凝固成固態的過程。水汽形

成雪花需要滿足水汽飽和與存在凝結核兩個條件。在高空的低溫環境下,冰晶生長所要求的水汽飽和程度比形成水滴要低,導致在高空中冰晶比水滴更容易產生,因而水汽飽和狀態的空氣在低溫下,依附於空氣中一些細小的固體顆粒上,就會形成降雪,這樣我們就可以看到紛紛揚揚的「未若柳絮因風起」的雪花了。當雪花熔化後就會變成液態水,液態水在低溫下形成固態的過程則被稱為結冰。水由氣態變為固態形成雪花,由液態變為固態則形成冰塊,二者形成過程的差別導致雪熔化後再遇低溫形成的是冰而不是雪。

根據已知的兩個條件,我們也可以創造一個環境來營造室內降雪。比如在 18 世紀的一個上流舞會中,由於室內人數眾多(水汽含量很高),又點著很多蠟燭(燃燒形成的煙提供大量凝結核),室內悶熱,一個男子打破玻璃,室外冷空氣的進入使得大廳溫度驟降,產生了一場室內的降雪。這在當時看來就像一場魔術,但當我們瞭解了這背後的物理知識時,也就覺得不過如此了。

03. 飛機播撒碘化銀為什麼能產生人造雨?

首先我們要知道,高空中的雲是否下雨,不僅取決於雲中水汽的多少,還和雲中凝結核的含量有關。於是人們就根據雲的實際情況,分別向雲體播撒製冷劑(如乾冰、丙

烷等）、結晶劑（如碘化銀、碘化鉛、硫化亞鐵等）、吸濕劑（食鹽、尿素、氯化鈣）和水霧等。播撒主要方式有兩種，一是飛機播撒冷卻劑或催化劑，二是向雲層開炮或發射火箭。

飛機播撒碘化銀，主要是將細粉末狀的碘化銀撒進雲層中，相當於增加凝結核的數量並干擾雲中氣流，從而有利於小水珠增大，改變浮力平衡，此時上升氣流不再能支持水珠的飄浮，就形成了降雨。

當然，隨著科學的發展，人造雨也有了不少新的方式，如高壓電技術（產生等離子體）、靜電催化（人造雨消除霧霾）、細菌技術等。這裡就不一一探討了，有興趣的同學可以自行瞭解。

04. 氣凝膠密度比氦氣還小，為什麼不浮在空中？

因為你看到的氣凝膠的密度不是它真正的密度，而是視密度（apparent density）。比如某種叫作「碳海綿」的氣凝膠密度是 $0.16mg/cm^3$，大約是空氣密度的七分之一，看起來它似乎應該飄浮在空中。我們先看看碳海綿的密度是怎麼測算出來的：將碳海綿放在真空中稱重，然後除以視體積（apparent volume）。問題就出在這個視體積上，氣凝膠內部有很多孔隙，視體積反映的不是氣凝膠的真實體積，因此

才會出現密度比空氣小的情況。如果知道氣凝膠的真實體積，進而算出其真正的密度，就會發現它的密度還是比空氣大。氣凝膠放置在空氣中時，空氣會填充裡面的孔隙，所以想讓氣凝膠飄浮在空中，就得讓它真正的密度小於空氣才行。

05. 臭氧的密度比較大，可是為什麼地球的臭氧層不會下降呢？

臭氧層是大氣層中位於平流層內的一個區域，主要吸收大量的紫外線輻射。臭氧層不會下降到地球表面（人站立的高度）的原因主要有兩個：一是臭氧在常溫常壓下非常不穩定，會分解為氧氣，且低層大氣沒有穩定的臭氧來源；二是平流層氣流的穩定性。當然，最主要的還是原因一。

距離地面大約 10～30km 高度的氣層是平流層，臭氧層主要分佈在平流層的底部，其濃度為 0.01‰，整個大氣層平均臭氧濃度約 0.0003‰。在平流層中，紫外線主要參與了兩個化學反應：首先是紫外線將氧氣分子離解為兩個氧原子，該過程吸收紫外線，隨後氧原子與氧氣分子結合生成臭氧；其次是臭氧吸收紫外線分解為氧氣分子和氧原子。反應過程如下：

$$O_2 \xrightarrow{\text{紫外線}} 2O \text{，} O_2+O \longrightarrow O_3 \text{，} O_3 \xrightarrow{\text{紫外線}} O_2+O$$

在這三個過程中，臭氧分解時吸收的紫外線波長稍長。最終在紫外線的輻照下平流層形成了比較穩定的臭氧層，濃度維持在約 0.01‰，其吸收的紫外線波長範圍約 200 ～ 315nm。雖然大氣運動會將一些臭氧帶到接近地表的區域，但其濃度已經遠遠低於臭氧層的濃度了。臭氧具有獨特的魚腥臭味，一般能被人感知到的濃度在 0.0001‰，雷雨放電也會在低層產生臭氧，由於濃度低，我們感受到的就是空氣的「清新」。

綜上所述，低層大氣自然狀態下有臭氧的存在，但濃度很低；臭氧也可以隨大氣運動下降到達地表附近，但濃度很低；平流層氣流較穩定，且紫外線不斷輻照產生臭氧，臭氧濃度大，形成臭氧層，因此臭氧層看起來是一直待在那個高度範圍的。

另外需要說明的是，紫外線頻譜比較寬，400nm 以下的均是紫外線；被臭氧層吸收的是對地球生物危害最大的那部分，被稱為中波紫外線（UV-B），波長 275nm ～ 320nm；200nm 以下的紫外線主要被氧氣吸收，320nm ～ 400nm 的長波紫外線則到達地表。長波紫外線有益於皮膚產生維生素

D，但過多照射則有害，所以假期出遊享受日光浴的同時還要注意防曬，秋天的太陽也是很毒的。

06. 是否可以釋放大量臭氧來修補臭氧層空洞？

「女媧補天」是一個很好的創意，不過很遺憾，這個想法暫時不可行。形成臭氧層空洞的罪魁禍首是氯化物等鹵化物，它們催化了臭氧分解，新聞裡經常提的氟利昂便是其中之一。在南北極的上空，很多時候存在著非常強大的氣旋。這些氣旋就像一個罩子，導致極地上空的氯化物等一直待在極地，而且其作為催化劑在反應前後不會減少，有著「不死之身」，持續不斷「進攻」臭氧，而地球其他地方的臭氧一時之間又很難前來支援，最終結果便是臭氧「彈盡糧絕」，形成「空洞」。

為什麼不可以人工釋放臭氧來「補天」呢？首先，製造這麼多臭氧的成本太高了。其次，開動機器製造臭氧要消耗能量，製造「補天」的臭氧所帶來的耗能，以及製造過程中可能會對自然界產生的影響，例如大量的碳排放等，都很有可能會加劇溫室效應等其他環境問題。再次，即使在對環境無傷害的情況下成功製造了足夠的臭氧，也只是「補天」的第一步。臭氧層所在的平流層太高了，大約位於地表 10km以上的地方（作為對比，一般中型民航飛機飛行高度是 7～

12km），想直接把臭氧送上去，堪稱「難於登天」。最後，直接把這麼多臭氧排到空氣中等它們慢慢自由擴散上天，也是不可以的：臭氧會刺激和傷害呼吸道，損害神經中樞，在體內會導致細胞損傷，將會成為一個新的環境汙染問題；而且臭氧在常溫常壓下非常不穩定，辛辛苦苦製造的臭氧很快就會分解為氧氣。所以，綜合考慮，目前暫不考慮釋放臭氧來「補天」。

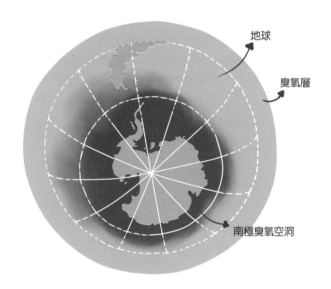

目前的「補天」方式主要如下：首先，應減少氟利昂等物質的排放，《蒙特婁議定書》生效後，協議各國都採取各種措施限制其使用；其次，臭氧層的存在是一個動態迴圈

的過程，依靠地球大氣的迴圈，大氣其他地方的臭氧可以支援到臭氧空洞處從而自然修復。地球母親具有極強的自癒能力，相信並祝福她吧！

07. 避雷針的運作原理是什麼？

遠高於建築物的金屬尖端，能夠優先達到尖端放電條件並中和雨雲所帶的電荷，因此可以達到避雷的效果。尖端放電是一種物理效應，是指在強電場作用下，物體尖端發生的放電現象，其結果就是放電體電荷與雨雲電荷中和。一般尖端處總有更大的電荷密度，且越尖電荷密度越大，電場越強。在雷雨天氣時，雨雲帶有大量的電荷，當雨雲在建築物上方時會在建築物上感應出電荷，雨雲和建築物感應出的電荷電性相反，這之間會產生出很強的電場，越高的建築離雨雲越近，物體越尖則尖端處的電場相對越強，這兩個條件都使得建築物更容易發生尖端放電。如果物體中的電荷不足以中和雷雨雲中的電荷，或者發生尖端放電的電場強度很高，則物體多半會被強電場瞬間擊毀，因此避雷針需要由金屬材料製成，要尖，要置於建築物的最高處，並且要與大地有良好的連接，這樣一來，避雷針就可以優先達到放電條件，在電場不太強時就放電中和雨雲電荷，同時，它與地面的良好連接可以提供大量電荷用於中和，從而保護建築物不

被雷擊。尖端放電和電荷中和只是在不同的角度描述這個問題，沒有對錯的分別，由於避雷針優先與雨雲放電，因此某種程度也可以說是「引雷」。

08. 為什麼閃電不是一條直線？

　　雷電形成的過程大體上分兩個階段。第一個階段是先導的自由發展（先導的含義在後面會解釋），先導的發展會建立起大地和雷雲之間的導電通路。這個過程也會發光，但是比較暗，不容易被肉眼觀察到（拍攝可能需要增強）。第二個階段，也就是我們日常看得到的劃破天空的閃電，實際上是天地之間異種電荷在已經建立的導電通道上發生的電荷中和過程，這一過程釋放出了大量光子。所以我們所看到的雷電並不是「一束光」，而是在天地之間由先導探索（發展）形成的導電通路上的放電現象。

形成自由分岔的先導通路　　電荷沿通路發生中和作用　　主通路形成，亮度最高
　　　　　　　　　　　　　放出大量光子

閃電形成示意圖

中感覺雷電幾乎是一瞬間劈下來的，但是慢放時我們可以清楚地看到，雷電在打下來的過程中其末梢前進速度是遠遠慢於光速的。這是因為雷電推進的先導實際上是一團因為光子電子轟擊或者高溫電離所激發出的電漿（plasma），電漿態的前進速度才是雷電的推進速度。

雷電末梢前進的物理機制：因為大氣流體的不均勻性，先導的推進方向可能會偏離原來的先導前進方向。高溫電離出的電漿在放熱後會激發周圍新的電漿，實際激發哪個方向的氣體會受到環境擾動的影響。一旦新的方向上的空氣被激發成電漿，由於空氣轉變到電漿這一過程伴隨著電阻率極速下降，這個方向會一定程度上以「短路」來抑制別的方向上的空氣－電漿激發。

所以雷電先導前進方向的物理圖像有一定機率沿著原來前進的方向，也有一定機率改變前進的方向。一旦主方向選定（被隨機擾動選定），其他方向上所能分得的熱能、電能、光能就會大幅減少。由此形成一條主放電通路，通路上的各個位置都有分叉開的末梢的先導圖像。而最終的主放電過程，主要集中在這一條主放電通路上。

09. 為什麼天氣預報上的颱風都是逆時針旋轉的？

因為我們的天氣預報基本只報導北半球的颱風。颱風本

質上就是高強度的低壓熱帶氣旋。之所以得名低壓氣旋，就是因為颱風眼（下圖灰色區域中心）處為低氣壓。這樣一來，周圍的空氣就會朝著颱風眼流動（空氣會從高氣壓的地方流向低氣壓的地方）。

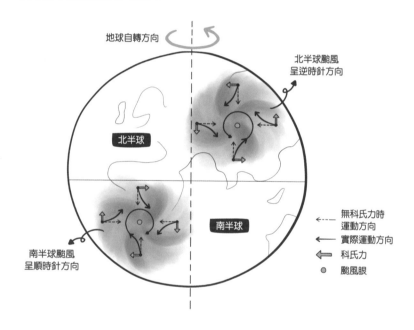

地球自轉時，北半球所有運動的物體會受到右手方向的科氏力（Coriolis Force，如橘色箭頭所示），這個力就會讓颱風產生逆時針的旋轉。如果低壓熱帶氣旋發生在南半球呢？南半球的低壓氣旋受到左手方向的科氏力，那麼氣旋自然就會朝著順時針方向旋轉了。

10. 下雨天蝴蝶都去哪兒了？

大多數生物在下雨的時候都要找地方避雨，蝴蝶同樣會就近選擇花草樹木避雨，在葉片或花草的背面收攏翅膀避免被淋濕。蝴蝶翅膀表面上有微奈米級的鱗片組合結構和鱗片之間的空隙形成的氣層，具有較高的疏水性並表現出異向性（Anisotropy）的浸潤性，水滴在其表面會沿著固定方向滾動，有效地避免身體被水沾濕。但身體不被沾濕不代表蝴蝶可以肆無忌憚地在雨中穿梭，一些大雨滴的重量對蝴蝶來說簡直就是「生命不可承受之重」。所以，如果只是很小的毛毛雨，蝴蝶們還能在草叢間飛來飛去，一旦雨勢變大，即使穿著「雨衣」，蝴蝶也必須找地方躲雨了。

11. 為什麼踩雪時會有吱吱聲？

我們稍留意就會發現，下雪之後比較蓬鬆的新雪地容易踩出聲響，雪開始化了之後踩上去聲音就不大了。因為新下的雪相對蓬鬆，內部有很多小小的空洞和縫隙，人踩上去的時候，人體的重量很容易把雪層壓塌。內部空隙塌縮，相對大塊的雪粒之間相互摩擦，就會發出吱吱聲。相應地，雪被踩實之後就不容易踩出聲音了。

12. 既然汽化需要吸熱，那麼根據熱力學第二定律，當水溫比周圍環境溫度高時，水還能蒸發嗎？

　　與其說汽化需要吸熱，不如說汽化會帶走液體中的熱量。液體汽化的物理圖像是，液體中的分子在不停地運動，有的分子跑得快，有的分子跑得慢。跑得快的分子由於動能比液面分子的吸引力大，更容易突破液體表面跑出去變成氣體，留下的都是一些跑得比較慢的分子。所以，蒸發就是高速分子跑掉而低速分子留下的過程。從宏觀角度看，就是液體溫度越來越低。可以看出，即使液體沒有和外界進行熱量交換，分子依然可以突破液面束縛汽化。所以，水溫比周圍環境高時，水依然可以蒸發。在生活中也經常能看到這種現象：儘管倒在杯子裡的開水比周圍溫度高，但它依然在蒸發。這和熱力學第二定律並不矛盾，根據上面的原理，汽化「吸收」的熱量實際上是液體本身的熱量，而不是周圍環境的熱量。

13. 為什麼晶體熔化時繼續吸熱，溫度卻保持不變？

　　分子的平均動能在宏觀上具有溫度的特徵，所以當我們加熱晶體時，在沒有達到相變點的時候，外界提供的能量使晶體內分子熱運動加劇，表現為整體溫度升高；但晶體被加熱到相變溫度時，外界提供的能量將被用於克服分子間的各

種作用力，破壞晶體的有序結構，使規則排列的分子無序化，晶體也就從固態變為固液混合態。這些能量轉化為分子間的位能，因而熔化時晶體溫度保持不變；而當晶體完全熔化後，外界提供的能量又繼續加劇分子熱運動，溫度才會相應繼續提高。

14. 過冷水和過熱水的原理是什麼？為什麼突然改變液體環境就會導致其凝結或沸騰？

　　過冷水和過熱水分別是溫度低於冰點的水和溫度高於沸點的水。根據一般的熱力學理論我們可以知道，系統總是偏好自由能最低的狀態。但是對於一杯完全勻質且完全純淨的水來說，大自然實際上必須透過演化來找到這個自由能最低的狀態。在尋找這個狀態的過程中，我們可以想像，所有亞佛加厥常數（Avogadro constant）級別的粒子必須從一個運動非常混亂的狀態，透過自己的運動和粒子間相互作用達到一個非常固定的狀態。這個過程非常難發生，現實中我們幾乎看不到。這就是凝結或汽化過程需要凝結核的原因。

　　以水的結晶為例，晶體實際上並非一瞬間全部凝結，而是慢慢生長的。凝結核（各種各樣的小顆粒雜質）分散在液體內部，周圍水的結晶過程就不需要滿足全晶體的勻質，只需要滿足局部的勻質即可，這讓結晶變得簡單很多。

綜上所述，在過冷和過熱的水中，相變實際上需要一些雜質的輔助，改變液體環境往往會引入這樣的雜質或者小氣泡，這就會瞬間引起液體的相變。

15. 水在 4℃以下熱縮冷脹，為什麼是 4℃呢？

一個標準大氣壓下（下同），水在 0℃時有三種物態：冰、冰水混合物、液態水。持續提供 0℃的冰能量，可以變為 0℃的冰水混合物，並最終變為 0℃的水；如果繼續提供能量，水的溫度會升高。此外，水分子之間存在一種叫作「氫鍵」的相互作用，氫鍵具有方向性，使水分子的排列具有一定的距離和相對方位。

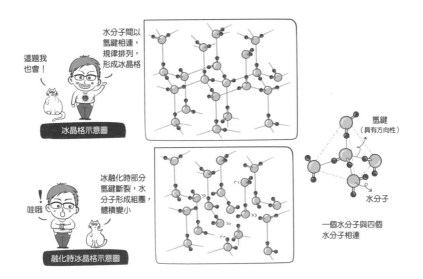

格。由於氫鍵具有方向性，水分子之間排列得很「規矩」，就像大家一起做體操時，需要保持至少兩臂的距離，否則會打到對方，水分子之間也有很大的空隙，這就導致了相同質量的冰比水體積更大。

冰的熔化熱為 6.02kJ/mol，氫鍵的鍵能（斷裂 1mol 氫鍵所需要的能量）為 18.8kJ/mol，斷裂冰中氫鍵所需要的能量是熔化冰所需能量的 3 倍多，說明 0℃的水中存在大量的氫鍵。這些氫鍵使得水分子抱團，但是各個集團之間可以相互跑動，類似熱身操結束，大家開始小組遊戲，小組內依然保持合適的距離，但不同小組玩的遊戲不同，小組之間沒有距離限制，可以離得近一些，於是水的體積縮小。

繼續注入能量，水開始升溫，抱團的水分子之間的氫鍵也開始斷裂，就像分為更小的小組，於是體積進一步減小。但是溫度升高，水分子的熱運動也加劇，類似天氣很熱，大家不想湊在一起，這種因素使體積增大。熱運動的加劇和氫鍵的進一步斷裂兩種過程相互競爭，在 4℃時兩種過程達到平衡；4℃以下，氫鍵斷裂的過程影響更大，表現出熱縮冷脹；4℃以上，熱運動過程影響更大，表現為熱脹冷縮。

16. 常溫下水為什麼會變乾,水的沸點不是 100℃嗎?

　　偉大的物理學家費曼說過一句非常經典的話:如果我們需要選出在幾千年的物理學研究中最重要的成果以流傳後世,大概就是「所有物質都是由微觀粒子組成的,所有的微觀粒子都在做永不停息的隨機運動」。這句話也完美解釋了這個問題。

　　無論溫度有沒有達到沸點(低於一個標準大氣壓時,水的沸點低於 100℃),水分子們都會永不停息地做隨機的熱運動。每時每刻,總有一些靠近液面的水分子跑向了空氣,這些水分子的動能足以掙脫液面的束縛(水分子之間的引力),而這些掙脫液面的水分子中的大部分在跑向空氣後,就不會回到液體內部來了。這就是為什麼蒸發可以發生在任意溫度。如果空氣中的水蒸氣飽和,那麼就不僅有時刻要跑出去的水分子,也有偶爾撞向液體的水分子,這些水分子讓水變多(液化或凝結)。我們所看到的名為「蒸發」的宏觀現象實際上是這兩個運動過程競爭的結果。

　　所以,只要空氣中的水蒸氣不飽和,那麼一杯靜置在空氣中的水就會因為跑出去的分子多、跑回來的分子少而慢慢變少。注意,此時這個過程只發生在液面處。而在液體的溫度達到沸點的時候,這個氣體-液體轉變的過程會發生在液體中的任何一處,這也就是為什麼沸騰的時候水乾得更快。

17. 冰塊裡那團白色的東西是什麼？能消除嗎？

夏天喝可樂的時候要是能加點冰塊就更好了。平時我們在家做出來的冰塊裡總是有一團白色的東西，這種冰我們稱之為「cloudy ice」（多雲的冰）。冰中有「雲」主要是因為以下三點：

（1）結冰前水中溶解了一定氣體，如果在結冰過程中沒有採取措施將這些溶解的氣體排出，最後就會在冰中形成小氣孔。

（2）如果冷凍速度太快，結冰過程中就會產生大量小冰晶，小冰晶間存在縫隙也會讓冰塊變「白」。

（3）結冰前水中含有一些無機鹽雜質，這些雜質可以溶解在水中，但不能溶解在冰中，也就不會隨著結冰析出。隨著水逐漸由外向內結冰，這些雜質也逐漸被趕到冰塊中心，最終形成無機鹽的水合物，導致冰塊內部看起來是白色的。

那麼，我們只要在冰塊結冰過程中針對以上幾點進行改進，就可以消除冰塊裡那團白色的東西：結冰之前將水煮沸，盡量消除水裡溶解的氣體；結冰時控制結冰速度，不要過快降溫，防止冰晶大量產生；用盡可能純淨的水，減少水

中溶解的無機鹽,讓最後的成品更加透明,或者切掉中間那塊白色的無機鹽水合物結晶(切掉就等於沒有)。工業製冰時為了保證冰塊的透明度也會採取各種方法,但也都是離不開這三點,只是手法可能更加高端罷了。

18. 液態水要多深才能被水壓壓成固態?

我們先來看一下水的相圖(注意縱坐標是對數),從相圖中可以看出,如果想讓常溫下的水變成固態,需要大約1GPa 的壓力,那麼我們就可以算一下大概要多深的水才能產生這麼大的壓力。

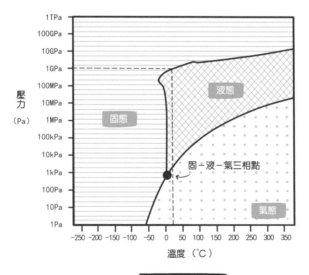

水的三相圖

假設水的密度是 1000kg/m³，g 取 10N/kg，那麼根據液體中壓力的計算公式 $P=\rho g h$ 可以知道需要 10 萬公尺深的水。已知海洋最深處的馬里亞納海溝深 1.1 萬公尺左右，也還遠遠不夠，將液態水壓成固態需要約九個馬里亞納海溝深才行。

要注意的是，上面僅僅是估算，實際上不需要那麼深的水。因為水的密度會隨著壓力增大而增大，簡單地說，就是水被壓縮了。平時說水不可壓縮只是在一些溫和的條件下，在題目說的這種極端條件下，就要考慮水的密度變化。在 0℃ 時，壓力增加到 1GPa，水的密度就已經超過了 1200kg/m³。

19. 為什麼水在流速慢的時候是透明的，而流速快的時候是白色的？

首先，這是由於你洗手的時候不認真，注意力都集中到水龍頭出來的水那裡了。其次，如果是純淨的水，透不透明其實與流速無關。即使流速再快（這裡的快只限於生活中所能遇到的「快」），水也是透明的。那麼生活中為什麼水會有變白的現象呢？

以我們使用的水龍頭為例，大多數水龍頭在出口處都會有一個金屬網格，用來過濾大的雜質（其實一般不會有）。

當水低速通過這個網格時，大多是以接近層流的形式，簡單來說，就是均勻地、一層一層地流動。這時空氣不會進入水中，或者氣泡較大不能維持在水流中，又或者由於表面張力氣泡吸附在網格上，而流速較低的水無法將其沖下。總之，水內部的雜質較少，因此呈現透明。

當水流較快地通過網格時，就會產生湍流，將空氣「捲入」其中並將大的氣泡「擊碎」為小的氣泡，此時水流中就會加入許多小氣泡。那麼這些氣泡是如何使水變白的呢？

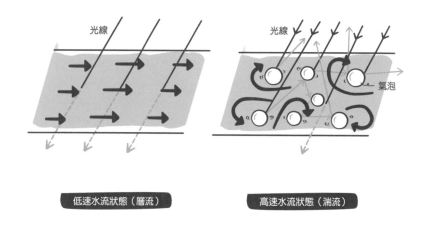

低速水流狀態（層流）　　　　高速水流狀態（湍流）

光在入射純淨的水後暢通無阻，直接透過，因此低速流動的水仍然是透明的。但如果水中有許多小氣泡，光在氣泡界面上就會發生反射、折射，導致出射的光的方向幾乎是隨機的。而由於多次反射、折射，造成「透明」效果的「直接

透射」光也被極大地削弱了。

　　上圖提供了低速流動的水和快速流動的水界面上的光路圖，實際上右邊的光路會更加複雜。

　　激動人心的時刻到了，看到右邊的光路，大家想到了什麼？漫反射！小氣泡的加入使得水顯得像是在進行漫反射，於是水就像一張紙，變成白色的啦！

　　再補充一點，其實問題的關鍵在於那個網格。如果把網格去掉，就會發現這種現象明顯減弱了，如果這時還有少量氣泡，則可能因為水龍頭內部管道表面不平整。

▶▶腦洞時刻◀◀

01. 如果把地球冷凍一下，溫室效應會緩解嗎？

　　把地球凍一下，溫室效應並不會緩解。這裡我們簡要介紹一下溫室效應是怎麼回事。地球之所以可以維持在一個宜居的溫度，除了太陽提供熱量之外，大氣還起了非常重要的保溫作用，這種保溫作用主要是依靠大氣反輻射（atmospheric counter radiation）來達成。太陽光主要向地面輸送短波輻射，地面被加熱後以長波的形式向低層大氣輻射熱量，之後大氣也被加熱；從地面輻射到大氣中的長波輻射一部分散發到外太空，一部分則被重新反射回地表以保溫，這就是大氣反輻射；大氣中的溫室氣體如二氧化碳、甲烷等對長波輻射的吸收很強（比如二氧化碳分子吸收 $4\,\mu m$ 波長的紅外光），溫室氣體濃度升高會導致這部分本來要逃逸的能量被留在地球上，從而導致全球平均溫度升高。工業革命以來，大氣中的二氧化碳含量急劇上升，地球自身的碳循環系統沒法處理這麼多的二氧化碳，因此地面溫度和低層大氣的溫度逐年上升；同時氣候變暖導致海洋 pH 值減

小（變酸），以沉積物形式存儲在海洋中的二氧化碳又被釋放，這種正回饋又加劇變暖效應。這相當於給地球穿了不斷變厚的「棉衣」，短暫的冰凍可以「得一夕安寢」，但脫掉「棉衣」才能解決根本問題。保護地球環境，節能減排，你我都行動起來吧！

02. 可不可以利用地球的磁場發電？

答案是可以。我們已經知道了電磁感應現象：閉合電路中的一段導線在做切割磁力線運動時會在導線中產生感應電動勢：

$$E=BLv$$

1992 年，美國「亞特蘭蒂斯號」太空梭進行過一次利用地球磁場發電的實驗：在距離赤道約 3400km 處發射一顆衛星，飛船與衛星用一條約 20km 的金屬繩連接，在飛船航行過程中進行切割磁力線運動，產生了約 3A 的電流。所以說利用地磁發電是可行的，但是實現有效率的轉化還很遙遠。地表最大的磁場強度約 68μT，處於南極附近，若兩人牽著 10m 長的金屬線以正常跑步速度（3m/s）在此冰原上奔跑，會產生約 0.002V 電壓，這麼一點電壓可滿足不了我們「一路火花帶閃電」的想像。

03. 無論閃電離我們多遠，看起來都是細細的一條，閃電
　　到底有多粗？

　　閃電是雲和雲之間、雲和地之間或者雲體各部位之間的強烈放電現象。閃電的直徑可以透過「閃電熔岩」間接測量。閃電熔岩最初是一種玻璃長管，當閃電擊中矽含量較高的地表區域後，巨大能量產生瞬間局部高溫，就可能使這種玻璃長管在極短時間內有序熔融、汽化、吸附周圍物質冷卻，最後沿著電流通路形成閃電熔岩，因此閃電熔岩的形狀多是長條狀，和閃電的路徑相近。

　　一束閃電的直徑通常是 2 ～ 5cm，圖中所示的閃電熔岩直徑也就 1cm 左右。而閃電開始形成時的導電通道（先導）直徑一般在 20cm 左右，但是亮度較低，不容易觀察。

　　物理君專心致志地解答著留言板上的問題,不知什麼時候身後已經聚集了一批人。「本來還想在留言板上提問,現在看來不如就直接問你吧!」人群中有個聲音說。還沒等物理君答應,高高矮矮的手就舉了起來。物理君見狀只好又耐心地現場解答起觀眾的問題來。

　　「這位同學,看你年輕有為,有興趣做我們氣象館的志工嗎?」物理君循聲看去,原來是志工招募處的工作人員。「雖然很想成為氣象館的一員,可我接下來還有一定要完成的旅途,」物理君回答,「請問從這裡到悟理學院要怎麼走呢?」

　　「哦，原來又是一個求知者，那我就不挽留你了，還可以助你一臂之力！」招募負責人說，「我們和悟理號太空站上的天文館合力研製了太空電梯，不過目前還在試運行階段，如果你有膽子夠大，歡迎一試！」

　　「科研人最不怕嘗試，在我來的地方還沒有研製出這樣高級的交通工具，我不妨就做這第一個吃螃蟹的人吧！」物理君瞬間被激起鬥志，跟著招募負責人走向太空電梯月台。

▶▶解鎖工具：太空電梯◀◀

01. 在赤道上建一座太空電梯，一人帶著一顆衛星坐電梯
升到地球同步衛星軌道的高度，打開電梯門，輕輕地
將衛星推出去，人會看到衛星靜止地懸浮於門外成為
一顆同步衛星，還是會看到衛星掉下去？

　　衛星不會掉下來。這是因為它做圓周運動時所需向心力
正好和它所受的重力大小相等，方向相同，也可以說此時萬
有引力正好充當了向心力，即 $GMm/r^2 = m\omega^2 r$。地球同步衛
星的運動週期與地球自轉週期相同，那麼由等式可知它必然
與地球相距一個確定的距離。衛星的推進器做功不僅需要克
服重力，還需要提供在軌道上運動的動能。我們假設真的可
以造出一台電梯把你送到太空，在這一過程中克服重力的功
由上升的電梯提供。由於電梯的升降通道是固定在赤道上
的，所以整套電梯機械都在做和地球自轉週期相同的圓周運
動。因此，當你抱著衛星上去時，ω 和 r 兩個平衡的條件都
符合了，它自然不會掉下去，所以你看它是靜止的。事實上
此時你也和它一樣在做圓周運動，由於萬有引力充當了向心

力，所以你處於失重狀態。

02. 如果在地球上搭一個足夠長的梯子到月球，人能否慢慢地爬上月球，而不需要第一宇宙速度？（假設人可以一直爬）

太空電梯的概念最初出現在 1895 年，由康斯坦丁·齊奧爾科夫斯基提出。相當長的一段時間裡，它僅僅只是一種科學幻想。雖然也有不少公司曾計畫實施這一專案，但都未實現，事實上這一概念至今仍止步於設想，因為找不到一種合適的材料製造強度足夠的纜繩。

這件事到底有多難呢？

首先，月球與地面不是相對靜止的，月球不能保持在地球一個固定地點的上空，因此無法做一個連接月球和地面的梯子。退而求其次，這裡提出兩個備選方案。

方案一：月球上掛一個梯子，與地面不連接，這個梯子的底端隨著月球跑，跑到你家門口你才能上梯（月亮一個月繞地球一圈，但很可能不會經過你家門口），或者你追著梯子跑（你需要日行八萬里的速度）。由於地月之間的潮汐鎖定作用，月球的自轉、公轉週期相同，始終以一面面向地球，這是這個方案的基礎。

方案二：地球上掛一個梯子，上端與月球不連接，每天

有一次與月球擦肩而過的機會（相對速度大概是 28km/s），把握機會爬上去。

你們猜哪個容易一點？

上述困難藉由轉乘其他交通工具還是很好解決的，畢竟不能真的純靠人力爬梯子。困難不在於爬梯子，而在於造梯子。現在就來算一下太空電梯到底需要多大強度。

這裡要考慮兩件事：單位質量（1kg）負載在不同高度保持穩定所需牽引力，以及太空梯在不同高度所需比強度，即單位線密度（1kg/m）太空梯要抵抗「自重」（此處自重一詞包括了地球、月球重力及「離心力」）在不同高度所需內力。

先看看方案一的情況。

這個比較簡單，在地面上你把 1kg 東西提起來需要大約 9.8 牛頓的力，而離地球越遠，受地球重力越小，物體就越「輕」。另外，考慮到它還要隨著太空電梯繞地球轉，還有「離心力」在幫你，在繞轉角速度確定的情況下，「離心力」離地球越遠也就越大。

其實即使是在地面上提重物也有「離心力」在幫忙，因為地球有自轉。而方案一中太空電梯繞轉速度是一個月一圈，遠遠小於地球自轉的角速度，要到 27 倍地球半徑的軌

道高度才能提供相當於地球自轉提供的「離心力」。

在越過了地月拉格朗日 L2 點之後，月球重力占主導，維持穩定就需要反向往回拽了。

這個就難了，要求比強度最高達到 $60GPa/(kg/m^3)$。如果 1m 太空梯質量為 1kg，那這麼長的太空梯要維持「自重」，其各部分所需承受的力量最高達到了 $6×107$ 牛頓，也就是在地面上把 6000 噸的重物提起來的力量。直觀一點，10 根這種材料要提得起遼寧號航空母艦，而這種材料每公尺的質量只能為 1kg。在材料、工藝固定的情況下，要提高強度難免也要提高線密度，而更高的線密度又需要更高的強度。

在低高度時單位質量物體自重（地、月重力與「離心力」合力）較大，而高高度時太空梯因需承擔其下面更多太空梯的累積自重，所需強度更高。故可以在低高度少用材料減輕負重，在高高度多用材料加強強度。

再看看方案二的情況。

該方案中電梯繞轉速度與地球自轉同步，故達到地球同步軌道高度時「離心力」就能抵抗地球引力了，而再向高處走時，需要反向拉扯抵抗「離心力」。同樣，每次靠近月球時要考慮受月球引力影響很大。這個方案由於繞地球轉動角速度太大，高軌道高度處巨大的「離心力」累積影響使得最

228

高需求的比強度達到 380GPa/(kg/m³)。

那我們現在手頭上有多強的材料呢？目前最強的材料大約是一種比強度為 7GPa/(kg/m³) 的碳纖維，可以量產；已知更強但無法量產的應該是石墨烯和單壁超長碳奈米管，比強度能達到 100 ～ 200GPa/(kg/m³)，這只是理論值。這兩種材料的密度都超過 2（單位是與水的相對密度）。

就算我們造出 380000km 長的石墨烯或者單壁超長碳奈米管材料，它最高也就大約提供 100MPa/(kg/m³) 的比強度，只達到要求的 1/600。

總結：爬梯子不難，造梯子難。祝大家都能活到梯子建成的那一天！

天文裡的物理

悟理號太空站

　　太空電梯的轎廂在纜繩上緩緩滑向高處，物理君目瞪口呆地看著從未見過的太空美景，感歎百聞不如一見，宇宙竟是如此浩瀚而深邃。

　　「天文館站到了，請小心下梯。」聽見太空電梯的提示音，物理君才回過神來。電梯門打開，面前是一條通道，物理君和薛小貓穿過通道，不知道前方有什麼在等著他們。

　　「歡迎來到悟理號太空站天文館！」突然出現的聲音嚇得薛小貓炸了毛。物理君環顧四周，也沒見一個人影，到底是誰在說話？

　　「我是太空站天文館的智能導覽員，接下來就由我帶領你們開始宇宙之旅。」這個聲音仿佛聽見了物理君的心聲，回答了物理君的疑問。從窗戶向外望，正巧有太空人在進行太空行走，太空人好像也看到了物理君，向物理君揮了揮手。

　　「本次參觀之旅可開啟互動模式，在此模式中我將與您共同體會學習天文知識的樂趣。開啟請回應任意聲音，不開啟則請沉默。」智能導覽員的聲音再次劃破寂靜的宇宙空間。還沒等物理君開口，只聽「喵嗚」一聲，原來是薛小貓耐不住性子

叫了一聲。「好的，在接下來的旅程中我將會向您提問，歡迎您從天文館中尋找問題的答案。」

01. 真空中有阻力嗎？

關於真空有很多種定義，這裡我們認為真空指的是沒有空氣分子。我們知道，物體在空氣中運動時會受到氣體分子的撞擊，撞擊過程中氣體分子和物體交換動量，即空氣對物體運動存在阻力。如果沒有了空氣，撞擊也顯然不存在了，相應地，空氣阻力也沒有了。

但是，沒有空氣分子就代表沒有任何物質了嗎？答案是否定的。物質還有另一種存在形式：場。場同樣可以和物質發生相互作用，表現出力的作用。比較常見的情形是發電機中的線圈在磁場中轉動時會受到磁場施加的阻力，這種阻力將機械能轉化成電能來發電。健身房裡的飛輪車常使用電磁阻尼系統來增加負荷，這也是電磁場提供阻力的一個例子。

02. 研究地面上物體的運動時，為什麼不考慮來自地球或者是其他星球的萬有引力？

地球的萬有引力當然要考慮了！我們所說的重力加速度 $9.8m/s^2$，主要來自地球對地面物體的萬有引力作用。對地面一切物體的應力分析都不會忽略重力。其他星球的引力作用一般與應力分析中的其他外力相比都過於微小，不占主導地位，如太陽的等效重力加速度是 $6.0\times10^{-3}m/s^2$，月球是 $3.4\times10^{-5}m/s^2$，其他星球更小，所以在一般的應力分析當中

都會忽略這些力。

　　但在分析潮汐這樣的大尺度地理現象時，太陽與月球的引力就起到了重要作用。隨著太陽與月球引力方向的不斷變化，同一地點的海水高度可以發生幾公尺甚至十幾公尺的變化，這正是由於月球和太陽的引力造成的，這時再對海水做應力分析，顯然不能忽略太陽與月球的引力了。

03. 重力加速度為什麼隨緯度的增加而增大？

　　假設地球是一個標準球體。當地球不轉動的時候，地球任何一處的重力加速度都是一樣的，等於地球對人的引力所能產生的加速度。

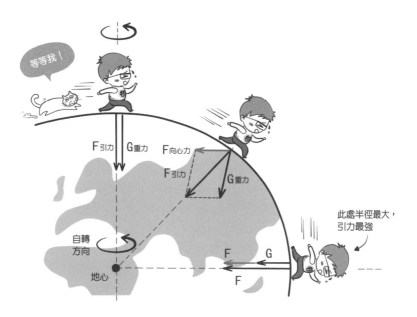

　　但是當地球繞著自轉軸旋轉之後，重力加速度則會隨著緯度變化。這是因為地球自轉之後，地面上的人也在隨著地球做圓周運動。我們知道，做圓周運動需要向心力，而這部分向心力則由引力的分力提供。圓周運動所需要的向心力可以用 $m\omega^2 R$ 來計算，R 是人的位置到自轉軸的距離，地球上不同地方的 ω（角速度）一致，而 R 不同。南北極點是不旋轉的，這兩處 $R = 0$，所以引力的分力無須提供圓周運動所需要的向心力，引力全部用來產生加速度，因此南北極點的重力加速度最大。赤道上的圓周運動半徑最大，所以需要更大的向心力，也就需要更大的引力的分力，這就使得引力的另一個分力（上圖中灰色箭頭）所能產生的加速度變小，而這個加速度就是赤道上的重力加速度。

04. 地球週邊的太空垃圾和地球衛星會影響太陽光照嗎？

　　太空垃圾的存在會對光照產生影響，但是目前對於一般人的日常生活還沒有產生影響，我們在生活中一般感覺不到太空垃圾的存在（以下討論建立在目前太空垃圾數量的基礎上）。

　　首先，太空垃圾不會自己發光，只能反射太陽等光源的光。白天太陽光太強烈，太空垃圾反射的光作為太陽光的「贗品」，自然相形見絀。在夜晚仰望星空時，我們能看到

的也基本是月亮和星星，比起人類城市的光汙染，太空垃圾的光汙染可以忽略不計。

但是換個角度來說，太空垃圾也可以「發光」——把自己燒掉。軌道比較低的太空垃圾受到空氣阻力的作用，速度逐漸減慢，並最終墜向地球。在此過程中，由於高速和大氣摩擦生熱，太空垃圾會燃燒起來，就像流星一樣。

在一般人肉眼能見的範圍內，太空垃圾產生的光汙染造成的影響可以忽略不計，但是對於天文精密儀器來說，太空垃圾的影響就太大了。美國天文學家克利夫·詹森（Cliff Johnson）就在他的天文觀測原始圖片中發現了衛星留下的發光斜線，智利天文學家克拉拉·馬丁內斯·瓦茲奎茲（Clarae Martínez-Vázquez）也曾遇到大量「星鏈」衛星穿過天空，其反射的強光干擾了高能照相機。

此外，太空垃圾還會引起各類安全事故。國際太空站曾經屢屢與太空垃圾「擦肩而過」；20 世紀蘇聯的一顆失控核動力衛星墜毀到加拿大，導致當地放射劑量嚴重超標。太空垃圾的危害太多了，世界各國目前都在嚴密監視太空中的各類碎片，並試圖用各類技術手段，例如雷射、繩網等進行清理。

最後，如果太空垃圾把地球外層全覆蓋了會如何？既然都全覆蓋了，那自然是沒有太陽光了。不過這個「全覆

蓋」的問題暫時不必擔心，因為發射到外太空的東西都是在地球上製造出來的，想在地球外面製造太空垃圾「外殼」並且達到完全覆蓋地球的效果，所需要的材料量非常大，目前人類還沒有這個能力。

05. 為什麼月球在空中看起來不像一個球體而像「一片」月亮？

在日常生活中我們能感受到世界是立體的，而不是一個「紙片」世界，是我們的雙眼接收外界資訊並經過大腦的處理得到的效果。

我們的左右眼在空間中的位置具有一定的差別，當我們觀察外界景物時，人眼空間位置的差別造成左眼和右眼觀看景物的視角有細微的不同，我們的視覺系統可以將具有細微差別的左右眼圖像的對應點進行融合，在大腦中呈現出客觀景物的立體資訊。如果閉上一隻眼再觀察我們周圍的景物，由於只有一側的圖像資訊，景物的立體感會變弱。當然，我們可能並不能很清楚地感受到這種差別，因為我們對這些日常景物已經有了明確的認識，所以大腦會根據經驗對圖像進行處理，呈現一定的立體感。而月亮離我們實在是太遠了，雙眼的距離與我們和月亮的距離比起來簡直微不足道，雙眼接收到的圖像差別很小，所以月亮給我們的立體感

就不是那麼強，月亮看上去就不像一個球體而像「一片」月亮了。

06. 為什麼在早上和下午時也能看見月亮？

　　能否在早上和下午看到月亮，主要依賴月亮、地球、太陽的相對位置。如果固定在每天 24 小時中的某一個時刻觀測月亮，你會發現月亮的位置在一個月的時間裡繞地球旋轉，每天看到的月亮的位置是不同的。只要月球反射的太陽光能以一個比較高的角度射向地球，月球就有可能被地球上的人看到。

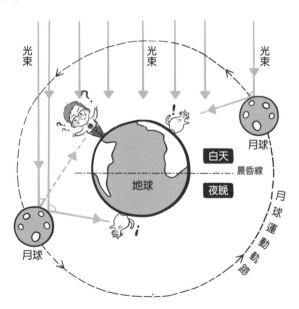

　　上頁是一幅簡單的示意圖。因為太陽很遠，所以射向地球的光線近似於平行線，中間的是地球，外面的是月亮，黃線是太陽發出的光。圖中有兩個不同位置的月亮，分別對應了不同日期和時刻月亮的大致位置。穿過地球中心的虛線是晨昏線，線的上面是白晝，下面是夜晚。右上的薛小貓在白天看到了月亮，左下的薛小貓在晚上看到了月亮，而左上角的物理君看不到月亮，因為能看到的月亮的反射光的角度太低，亮度又很弱，自己又身處白天，月亮的反射光就會被天空的光所掩蓋。

07. 任何物質進入了黑洞的視界後，便變得無法觀測，於是我們無法真正觀測到黑洞內部的資訊。如果丟一顆糾纏的量子進入黑洞，然後觀測另一顆量子的狀態，是否代表能夠透過量子糾纏觀測到黑洞內的資訊？

　　這是 EPR 悖論（Einstein-Podolsky-Rosen paradox）的一個變種，它的解釋自然也完全地在 EPR 悖論的框架內。誠然，糾纏的量子對會超距地傳遞去相干、超距地解除糾纏，但是不會因此傳遞資訊。這是因為對於量子系統的測量都基於對波函數求統計期望。超距地傳遞去相干、超距地解除糾纏確實會引起量子態的塌縮，但是不會讓可觀測量的期望值發生改變。

　　舉一個例子進行說明：將一對糾纏起來的量子位元（qubit）分發給黑洞裡面的愛麗絲和黑洞外面的鮑勃（這件事能不能做到先不談，在這裡假設做到了）。愛麗絲先對自己手中的量子位元進行一番操作，這些操作改變了總量子系統的波函數，但是不會改變鮑勃手中的量子位元的約化波函數，也不會改變鮑勃手中的量子位元測量得到的物理量期望。如果愛麗絲此時對手中量子位元進行測量，那麼量子體系總的波函數會塌縮，但是這依然不會影響鮑勃測量得到的物理量期望值。

　　既然對鮑勃來說，所有的可觀測量都不會發生改變，那麼得到愛麗絲傳遞的資訊呢？

08. 太陽為什麼沒有氧氣就能燃燒？

　　一般而言，燃燒反應的三個要素是可燃物、助燃物以及引火源，其中最常見的助燃物就是氧氣了。當然也有一些燃燒反應不需要氧氣的參與，比如鎂（Mg）在二氧化碳（CO_2）中燃燒。

　　姑且認為太陽發出的光和熱是由於「燃燒」反應引起的，我們來尋找太陽「燃燒」的三要素。

　　光譜分析表明，太陽中最主要的物質是氫和氦，氫占太陽質量的 74%，氦占 25%，其他所有元素占 1%。按一般標

準，氦氣是惰性氣體，那麼氫氣很可能就是太陽燃燒的可燃物；太陽表面的溫度高達 6000K（克耳文），核心溫度幾百萬攝氏度，引火源或者說燃點的要求早已達到；但沒有助燃物（氧氣），太陽燃燒反應的條件並不成立。太陽中發生的很可能不是燃燒反應。

即便有足夠多的助燃物，當太陽以足夠溫暖（照亮）整個太陽系的亮度發光時，其燃料也會在較短的時間內耗盡。下面我們來估算一下。

國中或高中的學生應該都做過比較氫氣和甲烷燃燒熱的考題，氫氣的燃燒熱是 285.8kJ/mol，甲烷是 890.3kJ/mol，等質量（1g）的氫氣和甲烷放出的熱量分別為 $285.8 \div 2 =$ 142.9kJ 和 $890.3 \div 16 \approx 55.6kJ$，氫氣放出的熱量約為甲烷的 3 倍。曾經有人估算過，1kg 天然氣（甲烷）可以供 20kW 的鍋爐連續工作 45 分鐘。假設太陽全部由甲烷構成，太陽質量為 $2.0 \times 10^{30}kg$，功率為 $3.8 \times 10^{28}W$（用來溫暖整個太陽系），這個天然氣太陽大約將在 10000 年內耗盡，換成氫氣也僅能燃燒 24000 年。

這些估算出的時間尺度遠遠小於生物進化的時間尺度（幾百萬年），說明實際太陽「燃燒」的過程中放出的能量遠遠高於一般有氧燃燒的過程，太陽的「燃燒」過程是一種燃燒效率更高的反應——核融合反應，由英國天文學家亞

瑟・愛丁頓（Arthur Stanley Eddington）於 1920 年代首次提出。現有的太陽模型中，太陽的能量產生過程包含了一系列的核反應過程，總的效果是 4 個氫原子經過強相互作用和弱相互作用後聚變為 1 個氦原子，放出大量的能量，即我們眼中看到的太陽「燃燒」。

燃燒反應，或者說劇烈的發光發熱的氧化還原反應，涉及新鍵的產生和舊鍵的斷裂，是核外電子和原子核之間的相互作用，其中起主導作用的是電磁相互作用。但使太陽「燃燒」的核融合反應，是原子核內部核子之間的相互作用，包括強相互作用和弱相互作用，其中強相互作用比電磁相互作用強得多，保證了核融合反應放出的化學能遠遠高於化學反應；而弱相互作用比電磁力還弱，透過這種相互作用的反應較難實現，但卻是太陽「燃燒」反應中必不可少的一環（質子轉變為中子），它限制了核反應的速率，使得太陽能夠在較長時間內持續「燃燒」。

09. 如果在銀河系中迷路了，該怎樣找到地球？

人類已知地球在銀河系中的絕對位置（相對於銀河系中心的位置）。天文學家早已想出了一堆方法來研究銀河系，自然對太陽系在宇宙中的位置有瞭解。

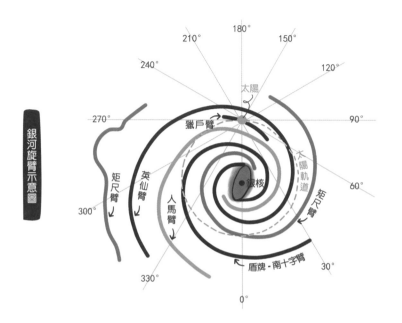

銀河旋臂示意圖

如果在銀河系中迷路了，我們首先需要測量自己在銀河系中的大致位置。最關鍵的是確定自己和球狀星系團的相對位置，因為球狀星系團是銀河系的中心。在確定了和銀河系中心的相對距離之後，我們就可以結合一些天文學知識（類似於在地球上確定地球的位置），大致確定「我在哪兒」了。

現在我們知道了自己在哪兒，那麼也會對地球的大致位置有一個估計了。但是，我們肯定無法直接看到地球，只能寄希望於看到太陽，甚至只能看到太陽附近的更亮的恆

星。這就引出了一個重大困難：銀河系的半徑約為 5 萬光年，我們目前觀測到的銀河系，實際上是「過去的」銀河系。上萬年之後，太陽和周圍恆星的相對位置肯定也會隨時間改變。預測很長時間之後的太陽相對於鄰近恆星的精確位置並不容易，但是理論上總可以做到。因此，我們大致可以使用科幻小說《三體》中的方法。我們知道太陽系周圍的恆星和太陽的相對位置，將這個位置分佈在相對「我們目前所在的方向」上做投影，就可以得到我們應當觀測到的恆星分佈（這就是為什麼自己最好知道我們在銀河系中的相對位置）。

接下來，我們對估計的區間內進行巡天，把觀測到的恆星分佈和預計的分佈進行比較，就可以鎖定太陽的位置啦！確定了太陽位置之後，如果知道準確的時間，我們就可以透過曆法和已知的地球軌道算出地球的位置了。如果你還想要回到地球，也不用擔心找不到它的位置：已經知道了太陽在哪裡，我們再到太陽系中找地球就可以。

10. 個人想接收來自外星人的信號，需要準備什麼？

尋找地外文明是個非常複雜、困難的事情，需要龐大的科研技術團隊分工合作，還要有雄厚的項目資金支持。對沒有專業儀器設備的一般人來說，是幾乎不可能完成的任

務。即便如此，理論上也有機會製造出能接收到來自外太空信號的望遠鏡或天線陣列。

首先要確認的事情是，來自其他文明的信號很有可能非常微弱，要想接收到它們，需要足夠靈敏的望遠鏡或天線來捕捉到非常微弱的信號。而絕大多數宇宙射線和信號都無法有效地穿透大氣層，只有一小部分可以，這就是所謂的大氣視窗。

考慮到現在光汙染也很嚴重，最合適的探測波段就是透射率接近 100%、波長為 10cm ～ 10m 的波段了，這也是目前科學家們探測地外信號的最主要波段之一。確定好大致的探測波段之後，接著就是設計望遠鏡。當然，對於個人來說，自製一個電波望遠鏡（Radio telescope）也不是不可能，但這一工程涉及大量專業知識，在這裡就不詳細說明了，有興趣的同學可以上網搜尋相關文獻和方法。

但是，就算是有了勉強堪用的電波望遠鏡，要想恰好能接收疑似有智慧生命的信號也是幾乎不可能的，科學家們早就已經嘗試使用電波望遠鏡陣列進行相關的探測，卻依然沒有結果。

▶▶腦洞時刻◀◀

01. 生活中可能發生核反應嗎？

　　生活中時時刻刻都有核反應發生。核反應是指一個原子核或者次原子粒子（質子、中子或者高能電子）與另一個原子核相撞產生新的原子核的過程。有自然界發生的核反應，也有人工的核反應，如被高能加速器加速的粒子轟擊原子核，可以產生新的元素。提起自然界中發生的且與我們生活息息相關的核反應，就必須說一下生成碳-14 的核反應了。地球時刻都在接受宇宙射線輻照，這些宇宙射線中能量比較高的中子或者高能射線與高層大氣的一系列作用產生的高能量中子，與大氣中的氮-14 原子核發生反應，放出一個質子，並生成一個新的核——碳-14，核反應方程如下：

$$_0^1 n + {}_7^{14}N \longrightarrow {}_6^{14}C + {}_1^1 p$$

　　大氣中碳-14 含量穩定，人、動物和植物體內也都有穩定含量的碳-14。碳-14 是碳的放射性同位素，利用其半衰期可以測定年份。人工核反應中與我們生活關係最大的就是

核電站中的鈾裂變反應，該反應為日常生活生產提供電能。

02. 原子內部大部分地方都是空曠的，為什麼微中子可以穿透人體，但是光子卻不能？

　　解答這個問題要考慮微觀情況下光子的穿透力，光子的穿透率主要與光子的能量有關。隨著波長減小，光子能量升高，其穿透能力增強，比如可見光不能夠穿透紙張，而 X 射線可以穿透薄鋁板，伽馬射線可以穿透人體。在粒子物理標準模型中，電磁力是一種長程力，相對強度是弱相互作用的 10^{13} 倍左右。作為電磁相互作用的傳遞者，光子在進入物質時，隨著頻率的升高，依次可能發生的相互作用形式有光熱效應、光電效應、康普頓散射和正負電子對效應等。這些相互作用使得光子的能量衰減或者運動方向發生改變，因此當物質達到一定厚度時，光子就無法穿透物質了。

　　與光子不同的是，微中子屬於電中性的輕子，穿過原子時不會受到電磁力的相互作用，微中子的質量接近於零，引力作用很弱，基本只受到弱相互作用影響。由於弱相互作用力程較短（$< 10^{-16}$m），只有當兩個費米子（質子、中子、電子、微中子）挨得非常近時才會發生弱相互作用。在原子世界中，原子核和電子都很小，微中子更小，它們幾乎很難發生碰撞，那麼發生弱相互作用的概率就很低了。據

估計，在 100 億個微中子中，只有一個微中子會與物質發生反應。由於微中子不參與電磁相互作用，因此一般直接觀測無法察覺，實驗中利用微中子和水中的氫原子核（也就是質子）發生反應，產生一個中子和一個正電子，透過探測產生的正電子來對微中子進行計數，推算反應率。

四種相互作用的比較

	引力作用	弱相互作用	電磁作用	強作用
作用力程 /m	長程，∞	短程 $<10^{-16}$	長程，∞	短程，$10^{-16}\sim10^{-15}$
舉例	天體之間	β 衰變	原子結合	核力
相對強度	10^{-39}	10^{-16}	10^{-2}	1
作用傳遞者	引力子[3]	W 及 Z 玻色子	光子	膠子
被作用粒子	一切物體	強子、輕子	強子	強子
特徵時間 /s		$>10^{-10}$	$10^{-20}\sim10^{-16}$	$<10^{-23}$

---

3. 引力子的存在還沒有被確認，目前在實驗中未觀察到。

03. 地球上的空氣為什麼不會被宇宙的真空吸走？大氣層是一個無形的東西，可它是如何保住空氣的呢？

首先，地球產生重力場，會吸引地球附近的一切物體，包括氣體。重力場的存在會讓地球表面的氣體服從馬克士威—波茲曼（Maxwell-Boltzmann）分佈，越往高處氣體越稀薄。但是這個公式允許高度取到無窮遠，這顯然有點問題。實際上，地球上的空氣每時每刻都在流失，大氣層最外面一層叫作散逸層，就是這個地方的氣體實際上會逃逸到外太空去，這裡面有非常非常多且複雜的過程。總而言之，地球上的空氣在不斷流失，每秒就有 3kg 的氫和 50g 的氦逃逸到外太空。為什麼主要是氫呢？因為氫比較輕，地球的重力對它們的束縛能力有限。

越重的氣體分子就越能在地球上保留下來，換言之，留住我們大氣的是地球自身的引力。正是因為地球足夠重，我們的大氣才不至於在文明誕生之前的幾十億年就逸散殆盡。

04. 為什麼月亮不會把人曬黑？

首先我們需要弄清楚是什麼把人曬黑了。皮膚會變黑是因為黑色素。紫外線的長波（UV-A）和中波（UV-B）可以刺激黑色素的增加，黑色素積累越多，人的皮膚越黑。但是千萬不要「談黑（色素）色變」，雖然黑色素會使皮膚變

黑，但是它也能抵禦紫外線，達到保護皮膚的作用。那麼曬月亮會把人曬黑嗎？月亮不發光，只是反射太陽光，但是它的平均反射率只有 7%，所以月光中紫外線強度是非常低的，大可不必擔心被月亮曬黑。

05. 光有壓力嗎？如果有，多少光可以把人推倒？

光壓是存在的。先考慮大氣壓的成因：空氣中有許多分子，它們都以很快的速度（大約每秒幾百公尺）運動著，它們在運動中碰到物體並被反彈的過程會對物體產生一個衝擊力，大量氣體分子對暴露在空氣中物體的衝擊力之和作用在單位面積上，就構成了大氣壓。同樣，一束光中的光子在照射的物體表面被吸收或者反射的過程也會對物體產生衝擊力，這就構成了光壓。

能將人擊倒的力量大約是在 $0.01m^2$ 上產生 1000N（大約相當於 100 公斤力）的力，此時壓力大約是 100000Pa，而太陽光光壓只有大約 0.000005Pa，所以將人擊倒所需光的壓力是太陽光的兩百億倍！想要產生如此大的光壓，其光功率已經和世界最強的雷射器不相上下。當然，想用這樣的光壓擊倒人是不現實的，因為在那個倒楣蛋被擊倒前，巨大的光功率轉化產生的熱量已經將其蒸發啦！

06. 怎麼造一顆恆星？將它放入宇宙中會發生什麼？

在天體物理學中，恆星的形成一直是極其重要的研究課題。在目前的天體物理學成果中，有一些關於恆星的重要結論。

我們首先得準備「一些」氫，根據天體物理學家計算出來的極限和目前的觀測資料，我們至少得準備 9% 的太陽質量的氫。這個質量大約相當於地球總質量的 3 萬倍，當然多一點是完全沒問題的。但要是比這個質量更少的話，引力提供的內部壓力可能就無法驅動自發的核聚變了。

其次，還需要一些特殊的方法讓數量如此龐大的氫壓縮起來。最稠密的那一類星雲，$1m^3$ 的體積內大約只有 $10^{-17}g$ 的氫氣，這意味著要想收集到足夠多的氫氣，就要「撈」$5 \times 10^{43}m^3$ 最重的星雲物質。這是什麼概念呢？大約就是 10^{22} 個地球那麼大，如果將這些物質看作一個球的話，它的半徑大約 0.02 光年。把這麼多氫氣壓縮得比太陽還小可不是容易的事情，光靠引力不知道要等到猴年馬月。就算是對於人類來說威力難以想像的宇宙，聚集這些氫氣也是一個漫長的過程。但是只要聚集好氫氣，核心處就會發生穩定的核合成反應。這顆小恆星的壽命將約為 2 萬億年（在主序上的停留時間），是目前估計的宇宙壽命的 100 多倍。

可是，即便付出如此艱難的努力，製造一顆恆星這項足

以耗竭人類全部想像力的偉大工程，對宇宙來說只是毫不起眼、隨處可見、每天都在發生的事情罷了。所以，把一顆恆星放入宇宙後會發生的事情，也不過就是多了一顆恆星而已。

在天文館逛了一大圈，導覽員的聲音停在一扇門前：「前方是本太空站的飛船對接處，您可在此選擇離開或繼續前往下一站。」門邊的螢幕上閃爍著多個目的地的名稱，物理君一眼就看到「悟理學院」四個字。「我們一起吧！」物理君的手和薛小貓的爪同時選擇了「悟理學院」，門打開了。

「您已選擇『悟理學院』站，請等待飛船添加燃料。在等待期間，我們也為您準備了拓展想像力的趣味問答，祝您旅途愉快。我們下次再見！」AI導覽員完成了任務，物理君和薛小貓也即將前往最後一站。片刻等待之後，一人一貓搭乘太空船，向著悟理學院飛去。

▶▶解鎖工具：太空船◀◀

01. 火箭、飛船這些太空船所用的是什麼燃料？

　　火箭、導彈等飛行裝置的「燃料」分為兩部分：燃燒劑和氧化劑。它們的關係就像蠟燭和空氣，在燃燒中缺一不可。應用相對較廣的燃料可以分為兩類：燃燒劑和氧化劑全部是固體或者全部是液體。

　　最開始的時候，人們使用火藥來推進火箭，但是火藥的燃燒很難控制，效果不夠好。到了 1926 年，美國物理學家羅伯特‧戈達德（Robert Hutchings Goddard）成功發射了世界上第一枚液體燃料火箭（液氧＋汽油）。第二次世界大戰時，德國開發了 V2 火箭（同時也是彈道飛彈），使用液氧加酒精作為燃料。液體燃料的好處是無汙染，中國擁有自主智慧財產權的 YF-100 火箭發動機就是液氧煤油發動機。「液氫＋液氧」的組合性能強勁且無汙染，是目前唯一比衝超過 400s 的燃料組合，中國的重型運載火箭「胖五」長征五號主發動機使用的就是液氫液氧組合。但是使用液氧這些低溫物質有一個缺點——不可以把存儲箱完全封閉，否則

溫度升高，液態物質蒸發會帶來壓力過大炸破存儲箱的危險。而不完全封閉會帶來燃料洩漏的風險，所以只能在發射前夕加注燃料。這對於隨時可能發射的飛彈而言是很難接受的，也是第二代洲際飛彈改用固體燃料的原因之一。相比之下，肼、一甲基肼、偏二甲肼、混肼作為燃料在常溫下穩定，相應的氧化劑為硝酸或者四氧化二氮。四氧化二氮分解後的二氧化氮呈紅棕色，因此發射時會排這個顏色的「尾氣」。同時也要注意，肼、偏二甲肼等有劇毒。

除此之外，固體燃料不僅可以長時間保存，而且對碰撞振盪的穩定性更高，因此軍用更多一些。常使用的固體燃料有硼氫化鈉、二聚酸二異氰酸酯、二茂鐵，以及一些密度小的金屬和非金屬，如鋰、鈹、鎂、鋁、硼等，將它們製成微粒擴大表面積還能進一步加速燃燒。

研究所裡
的物理

悟理學院

　　雜訊越來越響，飛船艙裡也越來越熱。「喵嗚——」聽到薛小貓的提醒，物理君向窗外一看，原來是快降落了。遠遠望見一個由高低不同的建築構成的園區，那應該就是悟理學院了，可是在這裡真的能找到穿越回去的方法嗎？看著薛小貓靈巧地跳下飛船，物理君暫時按下心中的疑惑，跟著走進了悟理學院的大門。一進入大樓，物理君不由得有種既熟悉又陌生的感覺，環顧四周，悟理學院的研究員們匆匆地穿行在各個實驗室之間，物理君想到自己的本職，不禁想推開一道門看看他們在研究什麼。沒想到薛小貓的動作更快，三步並作兩跳就撲進了最近的一間實驗室。

　　「你這小貓！快回來！」物理君急忙招呼薛小貓。

　　「年輕人，好奇不是壞事呀！」實驗室裡探出一個頭，「我就是悟理學院的院長，你這一路上的經歷我都已經聽說了，歡迎你來此尋找回家的方法！」

　　「可是我該用什麼回去呢？我記得自己一腳踩上人孔蓋，然後就來到了這個世界……」物理君摸不著頭腦。

　　「人孔蓋？」院長摸著下巴，自顧自地陷入思考，半晌

他又回過神來，「我相信學院裡的研究設施能幫你找到回家的路，不過……」

「不過？」「喵嗚？」看到院長話中似乎別有深意，物理君和薛小貓同時發出疑問。

「哈哈，操作我們的設備需要一定的物理知識，我想一邊帶你們參觀一邊考驗考驗你，這樣才安全嘛！不如我們就從微觀世界和基本粒子開始吧！」院長向物理君發起了挑戰。

01. 除了鋰和鈉，第一主族的其他元素也可用來造電池
嗎？

可以。目前正在研究的鉀離子電池，其正負極材料都
還處於實驗室階段。就算是第一主族的第一個元素 —— H
（氫），也可以用來造電池。氫氧燃料電池就是以氫氣作為
負極活性物質，氧氣作為正極活性物質。以鹼性氫氧燃料電
池為例，其正負極發生的分別是如下反應：

負極：$H_2 + 2OH^- \rightarrow 2H_2O + 2e^-$

正極：$O_2 + 2H_2O + 4e^- \rightarrow 4OH^-$

總反應就是氫氣和氧氣反應生成水的反應。

電池是一種能量轉化器件，能夠將其他能量轉化為電
能，能實現這個功能的器件都可以叫作電池。對於化學電源
來說，只要某一個反應可以自發發生，那麼理論上都可以將
其設計成一個電池。比如，正負極是同一種活性物質，但是
它們的濃度不一樣，那麼兩者之間就會有能量差，利用這種
能量差設計出的電池稱為濃差電池。

02. 常見的靜電弧為什麼是紫色的？

冬天天氣乾燥，人體容易帶靜電，在接觸物品時會發生

靜電放電的現象。放電時經常能看到持續時間很短的淡紫色電弧。

電弧的產生是因為帶靜電的物體之間有較高的電壓，其間的空氣被瞬間擊穿，電荷透過電離的空氣傳導，瞬間產生較大的電流。同時，空氣被電離後電子處於激發態，躍遷回能量較低態的時候會以光的形式釋放能量。

空氣中大部分是氮氣，所以空氣的激發光譜主要由氮氣分子激發光譜貢獻。而氮氣分子的激發光譜主要分佈在紫色、藍色和紅色上，所以人眼看起來空氣中的電弧總是會呈現出淡淡的紫色。

03. 量子糾纏可以瞬時改變量子疊加態，那麼假設我以一定規律測量一組糾纏中的量子，在很遠很遠的地方與其糾纏的另一組量子就會有規律地改變量子疊加態，這樣不就可以以摩斯電碼的方式傳遞訊息了嗎？

雖然測量可以改變距離遙遠的糾纏量子態，但是量子力學告訴我們，這種改變（波函數的塌縮）雖然是超距的，但無法傳遞資訊，因果關係不僅沒有被量子力學破壞，而且依然被很好地保護著。波函數的塌縮並不會傳遞資訊，是因為塌縮雖然改變了狀態，卻不會改變測量結果的概率分佈。舉個例子：假設相距遙遠的愛麗絲和鮑勃分別控制著兩個糾纏

起來的量子系統，愛麗絲測量了自己手中的系統，雖然改變了鮑勃手中的量子態，但是不會改變鮑勃測量的結果。所以鮑勃甚至無法得知愛麗絲是否進行了測量，自然也就無法傳遞資訊。

04. 多大的電壓才能擊穿空氣？

擊穿氣體所需要的電壓與需要擊穿的氣體厚度 d、氣體的壓力 p、溫度 T、氣體分子的種類等都有關係。擊穿電壓的公式如下：

$$U_{擊穿} = \frac{L \cdot p \cdot d \cdot E_I}{e\{\ln(L \cdot p \cdot d) - \ln[\ln(1+\gamma^{-1})]\}}$$

$$其中 L = \frac{\pi\gamma^2_I}{k_B T}$$

為了直觀地表現我們需要多大的電壓才足以擊穿空氣，可以舉一個特定條件下的例子：在標準大氣壓、0°C時，讓兩塊間隔為 1m 的平行板之間的大氣導電，所需要外加的電壓大約為 3.4MV。

05. 金剛石是自然界中最硬的物體，它是如何被塑形加工
的呢？

金剛石的原石往往形狀不規整，光線反射和折射的隨機
發生使之看起來不夠閃耀，後期的打磨和拋光能夠很好地設
計金剛石的各個晶面，使金剛石變為閃爍生輝的鑽石。

鑽石的加工一般包括四個步驟：畫線標記、分割、成型
和拋磨。其中分割和拋磨是主要的塑形加工過程。在現代工
藝中主要採用雷射切割技術分割鑽石，其切面寬度窄（小於
0.1mm），光滑性好（12.5μm），對鑽石的耗損小，且成型
美觀。拋磨則利用了「只有鑽石才能打磨鑽石」的特性。由
於鑽石具有各向異性，將鑽石粉作為磨粉打磨拋光鑽石，結
合切割的過程，鑽石可以成型為固定形狀的幾何體，其每一
個角度和面都經過精准計算，從而保證充分利用光線，使之
璀璨亮麗。

06. 高低不同的聲音全部混雜在一起，人耳是如何把音調
不同的聲音分開的？

說到分辨不同頻率的聲音，我們首先就會想到傅立葉轉
換（Fourier transform），傅立葉轉換可以把不規則的振動分
解成一系列強度不同的簡諧運動。

人耳分辨不同頻率聲音的奧秘就在於人的聽覺系統可以

進行「傅立葉轉換」，只不過這個傅立葉轉換並不是和我們想像的一樣發生在大腦後期的資訊處理過程中，而是發生在耳朵裡的生理結構——耳蝸基底膜中。

基底膜隨著耳蝸螺旋盤繞。在耳蝸外端，基底膜剛性較大，寬度較窄，能夠和振動中的高頻成分發生最大共振；在耳蝸內端，基底膜剛性較小，寬度較寬，能夠和振動中的低頻成分發生最大共振。不同區域的振動使得柯蒂氏器上不同部位的毛細胞發生彎曲，最終變為不同神經上的信號，我們就能分辨出不同頻率的聲音了。

自然造物多麼神奇，透過這樣一種簡單的結構，就以物理方式達成了傅立葉轉換，我們的腦子就不用進行那麼複雜的活動了！需要提到的是，毛細胞是不可再生的，而耳蝸外端的毛細胞受外界聲音影響更大，隨著年齡增長，我們慢慢地會聽不到高頻的聲音。所以，一定要保護好自己的聽力！

07. 聲音能被磁化嗎？

磁化會影響介質中的聲波傳遞，但目前還沒法給你具有「磁性」的聲音。磁化是指沒有磁性的物體獲得磁性的過程。量子力學告訴我們，磁性來源於電子自旋磁矩和軌道磁矩，此磁性不同於彼「磁性」。機械振動透過介質傳導到我們的耳朵，最終轉化為神經信號為大腦所感知，就是我們所

說的聲音。聲音之於人，不是機械振動，而是電信號。

　　我們對聲音的感知有三個要素：音調、音色和響度，這三個要素都與聲源介質以及傳聲介質的機械振動相關。機械振動與原子核的集體振動——聲子相關，而電子的變化對原子核的影響比較小，這種影響在極低溫下才可以被觀測到；另外，如果傳聲介質是空氣等氣體的話，聲音以縱波的形式傳導，引起空氣密度和壓力的變化，磁性對氣體中的聲波影響不大。另外，愛因斯坦－德哈斯效應（Einstein-de Hass effect）指出，電子自旋角動量和機械角動量本質相同，微觀上電子角動量的轉移的確會使原子發生機械運動，因此嚴格來說，磁性會影響介質中的聲波傳遞。

　　但是，這些由磁性引起的機械振動的變化一般不會被耳朵感受到，想透過磁化使得自己的聲音具有「磁性」還是非常有難度的。

08. 我們聞到食物的香味是因為聞到了氣體分子，那麼為什麼貼近一本書的時候會聞到書香氣？難道書一直在往外面散發分子嗎？

　　與所有的香味一樣，「書香」源於若干化學成分。舊書的書香氣讓人陶醉，新書的味道也讓人覺得「腹有詩書氣自華」。但是「書香氣」的秘密，也許和你想像的大相徑庭。

　　浪漫一點的說法是，古人為了防止蟲子咬食書籍，將一種有清香之氣的芸香草置於書中。芸香草亦稱芸草，為多年生草本植物，夾有這種草的書籍打開之後清香襲人，故而稱之為「書香」。

　　西方科學家也做了相關研究：他們抽取了舊書散發的空氣，分析後發現，書香其實是苯甲醛（杏仁味道）、香蘭素（香草味道）、甲苯、乙苯（甜香味道）以及 2- 乙基己醇（花香）等多種芳香族化合物的味道，並不是單純的一種味道。這些成分含量很低，但是易揮發，在很低的濃度下我們也可以嗅探到。這些味道主要來自紙張的木質素。木質素酸水解後產生上述多種芳香族化合物，同時使得紙張發黃。當然，書的氣味還可能有其他三個來源：紙品本身（和製造中使用的化學物質）、用於印刷的油墨和用於裝訂的膠劑。所以有些書散發的「臭味」也許只是濃重的化工氣味，這時還是晾晾再讀為好。

　　這些「書香氣」透過氣體分子的擴散過程進入我們的鼻子，引起我們的嗅覺。氣體擴散過程是指某種氣體分子透過擴散作用進入其他氣體裡，因為氣體分子的不規則運動比較激烈，所以氣體擴散效應比較明顯。根據擴散定律，擴散物質在單位時間內沿法線方向流過單位面積的曲面的質量與物質濃度沿法線方向的方向導數成正比，即：

$$\mathrm{d}m = -\,D\,(x,y,z) \cdot \frac{\partial C}{\partial m} \cdot \mathrm{dS} \cdot \mathrm{d}t$$

簡單來講，單位面積物質的擴散速率與物質的濃度梯度以及擴散系數有關，濃度梯度越大，擴散速率越快。氣體分子的擴散係數一般與氣體分子的分子量、溫度、壓力等因素有關，分子量越小，溫度越高，氣體分子不規則運動越劇烈，擴散係數一般越大。

所以當我們打開書本時，在書本附近有「書香氣」的氣體分子濃度遠高於書本周圍的空氣，微觀上相應氣體分子一直在做不規則熱運動，宏觀表現為氣體分子從高濃度向低濃度擴散，最後使人聞到馥郁的書香。當然，如果將書本敞開在空氣中放很長時間，聞到的書香可能就沒有那麼濃烈了。

攜帶「書香味」的氣體分子

09. 量子漲落是否違背能量守恆？

對量子系統進行測量的時候，得到的結果並不確定，而是會呈現出一個機率分佈，這就是所謂的量子漲落，所以系統的能量可能不是一個定值。但是這並不會違背能量守恆定律（當然其他的守恆律也是）。這是因為我們對量子系統進行測量的時候一定會引入系統和環境的耦合，系統中多去或少去的能量都會在環境中得到補充。

例如，在測量一個原子的動能時，我們可能會需要它散射一個光子，這個原子能量的漲落會透過被散射的光子能量的漲落達成。

10. 為什麼通電線圈裡加鐵芯能增強磁性？

我們學過安培分子電流假說。安培觀察到通電螺旋管的磁場和條形磁鐵的磁場很相似，便認為分子內部存在著一種環形電流──分子電流，使每個微粒成為微小的磁體。這種環流來自電子繞原子核的運動，也來自電子的「魔力轉圈圈」──自旋。

我們國中還學過分子的熱運動。表面看似文靜的鐵，卻有一顆狂野的芯。鐵芯內部的微粒時刻進行無規則運動，這些分子電流、微小磁體的排布也是雜亂無章的，所以生活中常見的鐵並沒有磁性。

但是外加磁場後，事情就變得有意思了。磁體會在外界磁場中向磁場方向偏轉，而偏轉後的各個小磁體便有了有序的方向。小磁體由於方向整齊，自身的磁場沒有因為雜亂的排序相抵消，而是在外加磁場方向上疊加，於是整體的磁場比原先的外加磁場更強。

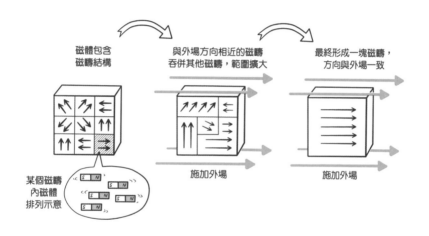

事實上鐵芯增強磁性的奧秘還不止於此。鐵芯一類鐵磁體的磁性主要來源於電子自旋，鐵芯內部由於電子自旋之間的量子「交換作用」，存在一種結構——「磁疇」。（難道這就是「遇事不決，量子力學」？）在這種量子效應下，鐵芯內部的小磁體自發排布在一定方向上，不過一般情況下鐵芯內有多塊方向隨機的「磁疇」，宏觀不顯磁性。但在外場

作用下，與外場方向相近的「磁疇」會吞併其他「磁疇」，最終將形成完全排列好的一整塊「磁疇」，方向比一般物質加上磁場後還要整齊，所以產生的磁場更強，磁性更強。

11. 我們平常感受到物體間的接觸是原子間的接觸嗎？

物體的接觸可以理解為原子接觸，這是因為在接觸過程中原子中的電子雲發生了重疊。我們按住物體但不能無限戳進去，就是因為原子間電子雲的排斥作用。就本質而言，與生活中常見現象有關的大多是引力和電磁力，比如重力和潮汐力為引力，壓力和摩擦力等為電磁力，人體所感覺到的基本都是電磁力。一個很有意思的事實是，人體並不能直接感受到引力，比如，我們總是要透過腳底的壓力或者「失重」才間接覺察得到自身的重力，因而實際上這些能感覺到的都是電磁作用。

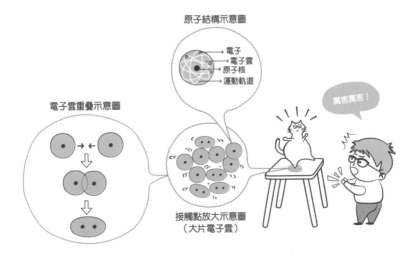

12. 電子是一種物質嗎？如果是，那麼它是由什麼元素組
　　成的？

　　電子是一種物質，但它並不由元素構成！事實上，正是
電子的被發現讓物理學家意識到各種元素的原子並不是不可
分割的。原子由質子與中子構成的原子核以及核外電子組
成，而原子核中質子的數量決定了元素種類。

　　那麼電子是由什麼組成的呢？在目前為大多數物理學家
所接受的描述世界最基本的物理理論「標準模型」中，這個
世界由幾種基本粒子組成。其中負責構成各種物質的是自旋
為半整數的費米子，而負責在物質間傳遞相互作用的是自旋
為整數的玻色子。玻色子包括傳遞電磁相互作用的光子、
傳遞弱相互作用的 W 玻色子與 Z 玻色子、傳遞強相互作用
的膠子，以及大名鼎鼎的「上帝粒子」希格斯玻色子；而費
米子包括上、下、粲、奇、頂、底六種夸克與電子、μ 子、
τ 子、電子微中子、μ 子微中子、τ 子微中子六種輕子以及它
們的反物質。不同的夸克相互組合，構成了由三個夸克（或
反夸克）組成的重子，例如由兩個上夸克與一個下夸克組成
的質子；以及由一個夸克和一個反夸克組成的介子，例如華
裔物理學家丁肇中發現的一個粲夸克與一個反粲夸克組成的
J/ϕ 介子。正是這些看得人眼花繚亂的粒子（是不是快不認
識「子」這個字了），構成了五彩斑斕的世界。

在標準模型中，電子是基本粒子中輕子的一種，目前大家認為它本身是不可分割的，迄今為止的各種實驗也驗證了這個觀點。

13. 用馬克筆在金屬勺子頂部寫字，再用水裝滿碟子，讓寫了字的勺子部分在水中搖晃，為什麼字會浮在水面上？

並不是所有馬克筆在金屬勺子頂部寫的字都可以浮在水面上，只有白板筆才能有這種效果。耐久性馬克筆寫出來的字跡特別持久，不容易擦掉，白板筆卻不一樣。白板上的字經常是寫了就擦，因此白板筆寫出的字必須要很容易被擦除，也就是說白板筆寫的字跡與白板之間的附著性較弱。白板筆墨水的主要成分有不溶於水的樹脂、色素、易揮發溶劑（酒精、異丙醇）以及脫模劑等。脫模劑一般是液體石蠟等比較「油」的東西，它們和油墨一起溶解在易揮發的溶劑中。當用白板筆書寫的時候，墨水中的溶劑會揮發，然後白板表面會殘留薄薄一層樹脂。脫模劑相當於一層保護膜，起到隔離樹脂和白板的作用，避免樹脂與白板之間的結合過於緊密，這就使得白板筆的筆跡容易被擦掉。金屬勺子上的字能轉移到水中，就是因為脫模劑使水很容易將樹脂形成的膜（字跡）和金屬勺子分離，因此字跡能浮在水面上。

14. 某原子的質子數與實際相對原子質量有差異的原因是什麼？

　　這裡的「質子數」應該修正為質子數和中子數之和，即核子數，因為中子質量和質子差不多，同時也是貢獻原子質量的主力。

　　相對原子質量是一個人為的概念——對應 C-12 原子質量的 1/12，因此有差異就是很自然的事。原子質量主要集中在原子核裡，核外電子可以忽略不計。某原子核子數和相對原子質量的差異原因可以籠統地回答為該原子核和 C-12 原子核的比結合能不同。因為結合能作為能量，也會提供質量的效應。（結合能就是原子核和構成它的所有核子之間的質量差異，比結合能就是結合能和核子數的比。）

　　那麼，不同原子核的比結合能為何不同呢？對於比較輕的核，核子數增加使得核力變強，結合得更緊密；而當核子數已經很大時，因為核力只是和鄰近核子作用，再增加核子並不能使整個核結合得更好。原子核表面的核子受到的核力吸引比內部的核子小，因此會有類似於液滴的表面效應，使得結合能不再正比於核子數。

　　除了強核力，質子間的庫倫力也會影響原子核的質量；另外，由於量子效應，穩定核傾向於中子數和質子數相等，外層的質子、中子傾向於同類配對，分別給結合能引入

對稱能項和對能項。這四個作用都會使比結合能隨原子核的 N（中子數）、Z（質子數）變化，引起核子數與實際相對原子質量的差異。

15. 吹風機可以讓乒乓球懸浮在一個確定位置附近，這其中的原理是什麼？

　　許多人在解釋吹風機懸浮乒乓球的原理時往往用到柏努利原理（Bernoulli's principle），認為流體流速越大，壓力越小。於是乒乓球周圍空氣流速大，壓力就小了，氣壓讓乒乓球不容易左右移動，而吹風機朝上吹的力抵消了乒乓球自己的重力，造成了乒乓球懸浮的現象。但是這些解釋往往忽略了伯努利方程的限制條件，柏努利方程是在理想流體、穩定流動、同一流線等特定條件下推導出來的。在這個例子中，造成壓力差的氣體並不出於同一氣源，所以許多學者認為用康達效應（Coanda effect）解釋這個實驗更加合理。

　　什麼是康達效應？流體會偏離原本的流動方向，改為沿著它所接觸到的彎曲表面輪廓流動。彎曲的流線氣體內外層氣壓不相等，外層氣壓大於內層氣壓，提供單位面積上流體彎曲運動的向心力。

　　當空氣流過乒乓球時，氣體圍繞乒乓球輪廓，在球的表面移動一段距離後離開。由於氣流做曲線運動，內側的氣體壓力小於外側的氣體壓力，在單位面積上產生指向圓心的向心力。康達效應產生的合力向上，與重力平衡後使乒乓球穩定懸浮在空中。進一步地，把乒乓球看作表面光滑且質量均勻的球體，把氣流看作理想流體，氣流在小球周圍形成穩定的流場，小球就被限制在氣流中央了。

16. 龐加萊復現（Poincaré recurrence）和熱力學第二定律矛盾嗎？

不矛盾。熱力學第二定律又名熵增原理，即孤立系統只能自發朝著熵增的方向演變，不能逆過來。龐加萊復現是指孤立的力學系統經過充分長的時間後總可以回復到初始狀態附近（熵減）。

只要搞清楚兩者的前提和被暗中抹掉的條件，就容易看出它們並不矛盾。熵增原理對應「實際過程」（也就是一個有限時間或者說相對於人來說是有意義的時間內發生的過程），最重要的是，它是一個統計結論（很多人會忽略這一點）。

在嚴謹的教材表述中，熵表示體系混亂度，對於宏觀多粒子孤立系統（10^{23} 個粒子），粒子的任意分佈狀態（數量巨大）中，對應熵比較大的狀態數比熵小的狀態數多得多（排列組合而已），因此它們出現的概率也大得多，所以系統演化過程中熵減小的概率幾乎為 0，但其實確實不是 0，可惜「實際過程」時間短，這種可能性並不會出現（這就是統計的意義了，即把非常非常非常不可能就直接作為不可能，但這並非完全不可能），於是就得到統計意義下的熵增原理了。

龐加萊復現對應理想情況，實際上系統恢復原來狀態的

可能性確實存在著，雖然它的機率非常非常非常微小，但只要給的時間足夠長，比宇宙時間還要長得多（就當是無限長吧），那就變成「無論一件事發生的可能性多麼小，只要不是 0，重複足夠多次後，它必然會發生」的情況了，只是這個時間長度對實際並沒有什麼意義。

所以說兩者不矛盾，只是「一個極小機率 × 很有限的時間 = 0」與「一個極小機率 × 極大時間 = 1」的區別罷了。

換句話說，這裡的區別只是推理過程中取極限的先後。如果先讓系統尺寸足夠大，然後再讓系統演化的時間趨於無窮，就會看到龐加萊復現；反之，就會看到熱力學第二定律。

17. 為什麼液體放在容器中時，液面會下凹？

日常生活中常常會看到容器裡的液面呈現下凹的狀態，仿佛容器壁對液體有一股神奇的力量，這裡首先以水和玻璃容器為例解釋。

水面在玻璃容器裡的凹凸性主要由水、空氣和玻璃間的表面自由能大小決定，水和玻璃的表面間有夾角，「夾住」液體的那個夾角稱為接觸角，如圖所示：

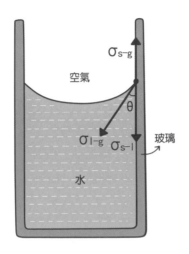

　　根據楊氏方程 $\sigma_{s\text{-}g} = \sigma_{s\text{-}l} + \sigma_{l\text{-}g}\cos\theta$，$\sigma$ 表示各相之間的表面自由能。在水和玻璃的情況下，$\sigma_{l\text{-}g} > \sigma_{s\text{-}g}\text{-}\sigma_{s\text{-}l}$，接觸角是一個小於 90° 的角，表明水潤濕玻璃，因而平衡狀態下各相之間的表面自由能差值就是那股讓水面凹陷的神奇力量。

　　簡單來講，水面的分子一方面會受到液體內部分子的淨吸引力（這裡包含空氣對水分子的作用），表現為水的表面張力，另一方面會受到容器壁分子對表面分子的吸引力。在這裡水分子和容器壁內分子的吸引力大於水分子之間的吸引力，分子趨向於向固液界面移動，液面呈現擴散的趨勢，也就導致液面在靠近容器壁的部分會高於液面中心，形成液面下凹的現象。

但是，並不是所有液體都能和容器壁相互潤濕。如果玻璃杯裡裝的是水銀，那麼就會呈現液面上凸的情況；如果是一個石蠟做的杯子，杯中的水面也會呈現上凸的狀態。

18. 超導研究中如何檢測超導？超導電阻檢測通常都有哪些方法？

超導體具兩個特殊性質：零電阻行為和完全抗磁性。

零電阻行為指的是隨著溫度的降低，物質的電阻在某個溫度突然下降，降到儀器檢測不到的最小值，突變前後的電阻值存在量級上的變化。由於任何儀器的靈敏度都有限制，因此實驗上只能確定超導電阻的阻值上限，無法嚴格證明其電阻為零。1908 年荷蘭物理學家昂內斯（Heike Kamerlingh Onnes）發現汞超導現象的實驗條件給出電阻值的上限是 $10^{-5}\Omega$。為了更精確地確定超導電阻的上限，科學家採用「持續電流法」將超導體電阻率的上限提高到 $10^{-26}\Omega\cdot cm$，遠低於正常金屬的最低低溫電阻率 $10^{-12}\Omega\cdot cm$。因此，認為超導體的電阻率確實為零。

實際測量中，常用的方法就是大家所熟知的伏安法（Voltammetry）測電阻。研究人員一般會使用低溫測試系統，結合四引線法消除接觸電阻，可以測量的最小電阻大約是 $10^{-5}\Omega$，一般物質電阻值小於儀器誤差且轉變前後電阻值

有量級上的變化就可以認為物質進入超導態。

　　同時，為了證明物質確實進入了超導態，一般需要結合超導體的完全抗磁性進行判斷，這就需要測量物質磁矩隨溫度的變化。一般需要利用振動磁強計（VSM）結合低溫測試系統進行測試，當物質的磁化曲線在低溫下表現抗磁信號（磁化率為負值）時認為物質具有抗磁性。

　　為了更好地研究超導體的性質，通常的電磁學測試還包括等溫磁化曲線（M-H 曲線，類似於鐵磁體磁滯回線）測試、加場電阻率測試、單晶各向異性測量（有一些超導體會「翻臉不認人」）等。想深入瞭解超導嗎？想為實現超導量子計算、超導磁懸浮列車，甚至利用磁懸浮上天入地貢獻自己的力量嗎？想的話，就來加入物理所吧！

19. 粒子的自旋是什麼？它們真的會轉嗎？為什麼會有「1/2」這種分數表示？

　　我們可以說粒子「真的在轉」，但和你開心地轉圈又有點區別。首先來說一下為什麼可以說粒子真的在轉。材料中電子的旋轉有兩類，一類是繞著原子核的「公轉」，一類是「自轉」。科學家們其實並沒有辦法從材料裡抓一個原子出來，拿到顯微鏡底下看裡面電子到底是怎麼轉的，他們一般透過光譜來分析。粒子轉的速度和光譜特定譜線的數量

相對應。我們原本以為粒子只有「公轉」，也就是軌道角動量，但是這樣假定算出來的光譜譜線數量怎麼都和實驗對不上。人們這才知道，粒子也有「自轉」。

但是自旋其實並不對應著粒子真實的轉動，而是指對波函數的操作。量子力學裡波函數要用複數表示，人們能觀測到的是複數的模的平方，所以在「轉一圈」以後即使多了一個負號，也沒有影響。它只需要滿足反週期性條件，這就是一些粒子自旋是 1/2 分數表示的來源。很多人會覺得這多轉的一圈是不是粒子在高維的空間裡多轉了一圈呀？其實這是三維空間就有的性質。費曼曾經有一個很形象的演示方式，你只需要伸出你的右手，保持手心向上順時針旋轉一周，此時你的手臂就像被警察叔叔抓住一樣。這時繼續保持手心向上，從手臂下方繼續順時針旋轉一周，你會發現，「轉兩圈」以後，你可愛的右手又回來啦。

20. 科學家是透過什麼方法知道質子、中子、電子等粒子的質量的？

對於帶電粒子，高精度的做法是測量它們的荷質比（粒子所帶電荷 / 粒子質量）。如果知道了它們的電荷質量比，那麼反過來就可以算出帶電粒子的質量。電子和質子的電荷質量比可以利用帶電粒子的粒子流在電磁場中的偏轉，結合

古典力學和電磁學得到，這是一種很直接的測量。

　　中子自身不帶電荷，所以測量它的質量非常複雜。我們知道氫原子的氕核和氘核之間差一個中子，可是物理學家計算這兩個基本粒子的質量差，也無法得到中子的質量。這是因為中子和質子之間有強相互作用，這部分能量改變了氘核的質量。物理學家們測量中子被質子捕獲的過程中釋放出的光子能量，可以計算出結合能。透過這種方法，物理學家才間接地算出了中子的質量。

21. 有些物體的溫度無法直接測量，那麼我們該如何得出它們的溫度呢？

　　日常生活中我們經常用酒精溫度計測氣溫，用水銀溫度計測體溫。但是有很多東西是不能用這兩種溫度計測量的，比如熔化的鋼水，其溫度遠遠超出普通溫度計的測量範圍。好在科學家找到了物體輻射的光譜和溫度之間的對應關係，我們可以透過測量物體發光的光譜來判斷它的溫度，這種方法讓測量溫度非常高的物體成為可能。這種測量方式還有個好處——無須和被測量物體近距離接觸。我們甚至可以用這種方法來測量太陽的溫度。事實上，不同的溫區需要不同的測量手段，不同的精度要求也對應了不同的方法，這樣才能保證測量的精確度。

22. 宏觀物體不會呈量子效應嗎？

這個問題的答案可不一定，宏觀物體 (macroscopic body) 也能夠表現出量子效應！

日常所見的宏觀物體，雖然是由服從這種量子力學規律的微觀粒子組成，但由於其空間尺度遠遠大於這些微觀粒子的物質波長，微觀粒子的量子特性就由於統計平均的結果而被掩蓋了。因此，在一般條件下，宏觀物體整體上並不出現量子效應。然而，在溫度降低、粒子密度變大等特殊條件下，宏觀物體的個體組分會相干地結合起來，透過長程關聯或重組進入能量較低的量子態，形成一個有機的整體，使得整個系統表現出奇特的量子性質。

組成物體的微觀粒子如原子、電子、原子核等都具有量子特徵，當在一定外界條件和內因作用下（如極低溫、高壓或高密度等條件），所有粒子相互結對，凝聚到單一的狀態上，形成高度有序、長程相干狀態，往往會表現出宏觀量子效應。在這種高度有序的狀態中，所有粒子的行為幾乎完全相同。這時大量粒子的整體運動就和其中一個粒子的運動一樣，可表現出宏觀量子效應。

物理學中常見的宏觀量子效應有原子氣體的玻色－愛因斯坦凝態（Bose–Einstein condensate）、超流體、超導電性、約瑟夫森效應（Josephson effect）、超導體磁通量子化以及量

子霍爾效應等。同學們可以參考相關研究方向的論文和書籍
瞭解宏觀量子效應。

▶▶ 腦洞時刻 ◀◀

01. 可以利用摩擦起電製作發電機嗎？

可以嘞！

生活中常見的電磁發電機的原理一般是法拉第電磁感應定律，當閉合電路的磁通量發生變化時就能產生感應電流（或者說導線切割磁感線產生感應電流），利用這個原理發電的形式主要有火力發電、水力發電、風力發電以及核電等。電磁感應將機械能轉化為電能，用於人們日常生活所需和工業生產。

除此之外，還有許多微觀電流效應，比如光電效應、溫差電效應（熱電效應）、壓電效應等。原則上，這些效應都能夠實現其他能量向電能的轉化，具有發電機的潛力，並且促成相關的應用，比如太陽能電池和壓電陶瓷。

摩擦發電機利用的就是材料間的摩擦起電效應。中科院的一項研究工作發現表面上修飾著奈米結構的塑膠薄膜相互摩擦時有靜電產生，其產生的電壓電流是壓電效應產生的數十倍，實驗獲得的機械能轉化效率是 55%，總轉化功率數值

可以達到 85%。摩擦起電效應十分常見，並且對於選材要求不高，因此可大規模生產，同時將一些常規方法無法實現轉化的自然現象或者人類忽視的活動利用起來，具有很大的應用潛力和優勢。2017 年，基於摩擦奈米發電技術的波浪能發電網路裝置成功實現了穩定的發電。

02. 為什麼 pH 值 2.7 的硫酸不能喝，pH 值 2.7 的可樂就可以喝？

首先必須強調，任何實驗試劑都不能食用，接觸和使用時都要佩戴好手套等防護用品，實驗區域也禁止飲食。接下來的討論也都只是假想。

理論上，少量攝入 pH 值 2.7 的硫酸是沒有生命威脅的，但這只是假設，實驗試劑通常含有很多雜質，並且對人體有害，所以永遠不要嘗試。pH 值 2.7 的硫酸濃度已經很低了，大概只有 0.005mol/L（化學實驗常用的 0.5M 稀硫酸的濃度通常是 0.5mol/L）。對於機體而言，如此低濃度的硫酸中的氫離子不再是威脅，反倒是硫酸根的大量攝入可能會誘發劇烈腹瀉（食品級的硫酸鈉結晶是瀉藥）。再次強調，不要去嘗試，不要拿自己和他人的生命健康開玩笑。可樂的酸性主要來自溶解的二氧化碳和磷酸，這兩種物質並不具有強烈的腐蝕性，唯一的危害就是讓你的牙齒更加脆弱（珍惜

健康，少喝可樂）。

從稀硫酸拓展到濃硫酸，情況就更危險了，濃硫酸的危險性非常大，永遠不要去嘗試。

回顧一下高中化學中濃硫酸的性質：酸性、氧化性、脫水性。濃硫酸的氧化性意味著強烈的奪電子能力，可以直接在金屬表面形成氧化膜，有機物大量的還原性羥基在濃硫酸面前必須低頭。濃硫酸的脫水性更是可以直接將有機物中的氫和氧以水分子形式奪去（參考經典的濃硫酸和蔗糖的反應），沒有任何生物體能在這種環境下安然無恙。

我們哺乳動物唯一可以抵抗的就是酸性，但是僅限於偏酸的食品和飲品，濃硫酸、濃鹽酸等強酸已經不再是我們所能承受的了。我們的消化道表面有一層由細胞分泌的黏膜，這層黏膜可以保護我們的消化道表面的上皮細胞免受酸性或鹼性物質的腐蝕。此外，上皮細胞本身就屬於極為結實抗造的細胞類群，這進一步擴大了我們對不同酸鹼性食物的耐受性。不僅如此，我們的胃中還充盈著胃酸——一種主要由鹽酸和蛋白酶組成的 pH 值低至 $1.5 \sim 3.5$ 的液體（想不到吧，我們自己的胃也會分泌鹽酸，H^+ 主要來源於壁細胞），pH 值 2.7 的可樂等酸性飲料食物在胃酸面前不過是小巫見大巫。在經過胃消化之後，這些酸性飲料和食物與胃酸一道進入十二指腸，在這裡與腸道分泌的碳酸氫鈉相中

和，成為相對鹼性的混合物並最終被吸收或排出體外。

總而言之，沒有腐蝕性、酸性不太強的食品級液體，比如 pH 值 2 左右的可樂和橙汁，我們的身體都是可以接受的，但是不要嘗試任何實驗試劑，即使是 pH 值為 7 的中性物質也是如此。

03. 為什麼核爆炸會產生蘑菇狀的雲？

嚴謹地說，不是所有核彈爆炸都會產生蘑菇雲，地下的核爆就是個例外。現在我們考慮最容易產生蘑菇雲的情況——近地表核爆。

在地面上的一顆核彈爆炸後，極短的時間內釋放出了巨大的能量，將周圍的空氣等物質迅速加熱。空氣受熱膨脹，密度減小，而核爆上方很高的地方沒有被加熱的空氣密度較大，於是出現密度大的空氣蓋在密度小的空氣上方的現象。這種現象自然是不穩定的，就像在油表面蓋了一層水一樣，於是兩層流體便會相互運動，這種現象叫作瑞利 - 泰勒不穩定性（Rayleigh-Taylor instability）。密度小的熱空氣穿過密度大的冷空氣上升，那麼熱空氣留下的位置怎麼辦？四周的冷空氣便會裹挾著爆炸的碎屑湧過來「占位」，熱空氣繼續上升，冷空氣繼續跟隨，這便是蘑菇雲「長高」的過程。熱空氣在爬升過程中會逐漸冷卻，因此蘑菇雲不會一直

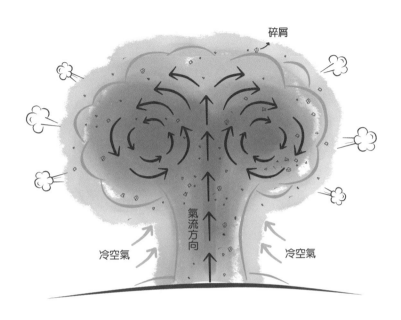

「長高」。

　　那麼蘑菇雲的傘蓋是怎麼來的呢？熱空氣頂著冷空氣上升，自然會遇到冷空氣的阻力。想像一下，用手輕壓圓柱狀的橡皮泥，橡皮泥的頂部是不是會被展開壓平呢？

　　此外，也不是只有核爆會產生蘑菇雲，很多當量足夠大的爆炸都有可能產生蘑菇雲，例如常規裝藥的「炸彈之母」（一種大型空爆炸彈）也可以產生蘑菇雲。

04. 如果有一個長一光年的木條（不考慮重力坍縮之類
    的），用力推動它的一端，一光年外的另一端會立刻
    移動嗎？

　　不會。從物理角度來說，這是因為介質（桿）中力的傳
播速度為聲速，固體聲速一般為 5000m/s 量級，相對光速而
言是很慢的。

　　把聲速和力傳播速度聯繫起來很奇怪？回憶國中物理中
「聲速」一節大家應該能想起來，那裡提到固體聲速＞液
體聲速＞氣體聲速。相信很多人會選擇找人敲擊一下走廊圍
欄的一端，自己在另一端聽聲音，此時第一次聽到聲音（圍
欄傳來的）和感受到圍欄振動是同時的。其實聲音是隨振動
傳來的，力導致振動，而有振動才有聲音！

　　如果還有覺得奇怪的地方，不妨從更細緻的角度解釋一
番。介質（如桿）是由原子等微觀粒子組成的，未受外力
時一個粒子主要受到鄰近粒子的庫倫力而處於受力平衡狀
態，一端受力會導致受力處的那些粒子移動（其他未受力的
粒子這個時候當然不會移動），移動的粒子導致其附近局部
電場發生改變（庫倫力隨距離衰減很快，對遠處粒子影響可
忽略），近鄰的粒子受力不再平衡，也發生移動，又影響後
面的粒子。可以看到，這個過程中最快速的一步，是變化後
的電場傳播到鄰近粒子上的速度，與光速一致；而限制力的

傳播速度是較慢的一步，即近鄰原子響應並發生移動的速度。兩種速度拉扯下來，最快不過是低頻極限下的縱波聲速了。

05. 能不能用鐵水做「魯珀特之淚」？

玻璃棒受高溫溶化後掉入
冷水中，形成魯珀特之淚

　　首先我們來瞭解一下「魯珀特之淚」這個神奇的存在。它的頭部抗壓力度極高，但尾部極易破碎，且捏斷尾部會導致整個「魯珀特之淚」粉碎。這種性質的原理如下：在熔融玻璃滴入冷水後，頭部內外冷卻速度不同，導致表面產生很

強的壓應力，抑制微裂紋在內部的擴展，使得「魯珀特之淚」頭部具有很強的抗壓力度；但其細長的尾部內外冷卻速度相當，壓應力不足以抑制微裂紋的擴展，所以一旦尾部斷裂，材料內部殘餘應力釋放，裂紋便在內部迅速擴展至頭部導致整體破碎，裂紋擴展的速度可達 1900m/s。

「魯珀特之淚」的形成依賴於非晶態玻璃的特性，其內部分子流動性較低，難以透過分子的運動減弱材料內部的應力。鐵水滴到水中，雖然也是快速冷卻，但鐵水中的分子流動性相對更好，即使是在較厚的頭部，表面壓應力也沒有那麼大，裂紋除了可以在表面擴展，也可以向內部擴展，因此破壞所需要的壓應力相對要小一些。另外，鐵本身的韌性等特性與玻璃相差甚遠，將鐵水滴入水中可以形成和「魯珀特之淚」相似的形狀，但要達到一樣的性質也許不太容易。還有一些其他的材料，比如熱熔膠，用同樣的方法也只能做到形似而已。

除了玻璃，在家裡還可以嘗試用高濃度糖漿來製作「魯珀特之淚」，因為濃度大於 95% 的糖漿裡的糖分子幾乎不能流動，形成所謂的「糖玻璃」，這與材料學意義上的玻璃類似，所以也可以形成「魯珀特之淚」。

▶▶尾聲◀◀

「不愧是院長，提出的問題果然比之前的刁鑽很多！」物理君擦擦頭上的汗，好在是都回答出來了，物理學院的遊覽也差不多告一段落，不知道最後等著自己的是怎樣的回家方式。正想著，院長帶領物理君和薛小貓來到一塊空地前面，定睛一看，空地上不正是一個人孔蓋嗎？

「年輕人，你再回答我最後幾個問題，就可以選擇回去的路了！」院長笑眯眯地說。

「難道您說的先進設備，就是讓我原路返回？！」物理君目瞪口呆，可歸家心切，只能繼續回答了。

回答完問題，物理君剛想問院長還有沒有別的方法，從人孔蓋裡摔下來的不舒服他可不想再體驗一次了，薛小貓卻已然跳上人孔蓋。身體比思考更快，物理君也跟著跳上了人孔蓋。

頓時天旋地轉，物理君睜開眼睛，發現這人孔蓋裡有幾條分岔路，耳邊還迴響著院長最後的囑咐：「年輕人，回哪裡就看你自己的選擇了……」

　　「這還用想？當然是回家了！」物理君自言自語，可哪條路才是回到現實的路？回想起在悟理島上遇見的人、經歷的趣事、回答的問題，物理君竟然有點猶豫，也許路那邊的下個未知空間也不壞，畢竟物理和所有科學都是靠對未知的探索才得以發展。

　　「喵嗚！」薛小貓伸出前爪，仿佛已經選定了一條路。「果然，你和我的想法一樣！」向著那條岔路的方向，物理君相信自己這次一定選對了。

國家圖書館出版品預行編目(CIP)資料

物理君與薛小貓的生活科學大冒險：從家裡到太空，腦洞
大開的 226 個物理現象與原理 / 中國科學院物理研究所
著 . -- 初版 . -- 臺北市：日出出版：大雁文化事業股份有限
公司發行, 2022.11

304 面；14.8*20.9 公分

ISBN 978-626-7044-81-0(平裝)

1.CST: 物理學　2.CST: 通俗作品

330　　　　　　　　　　　　　　111016279

物理君與薛小貓的生活科學大冒險

從家裡到太空，腦洞大開的 226 個物理現象與原理

© 中國科學院物理研究所

本作品中文繁體版通過成都天鳶文化傳播有限公司代理，經聯合天際（北京）文化傳媒有限公司授
予日出出版 ‧ 大雁文化事業股份有限公司 獨家出版發行，非經書面同意，不得以任何形式，任意
重製轉載。

作　　　者　中國科學院物理研究所
責任編輯　李明瑾
封面設計　Dinner illustration
內頁排版　陳佩君
發 行 人　蘇拾平
總 編 輯　蘇拾平
副總編輯　王辰元
資深主編　夏于翔
主　　編　李明瑾
業　　務　王綬晨、邱紹溢
行　　銷　曾曉玲
出　　版　日出出版
　　　　　地址：台北市復興北路 333 號 11 樓之 4
　　　　　電話（02）27182001　傳真：（02）27181258
發　　行　大雁文化事業股份有限公司
　　　　　地址：台北市復興北路 333 號 11 樓之 4
　　　　　電話（02）27182001　傳真：（02）27181258
　　　　　讀者服務信箱 E-mail:andbooks@andbooks.com.tw
　　　　　劃撥帳號：19983379 戶名：大雁文化事業股份有限公司
初版一刷　2022 年 11 月
定　　價　460 元
ISBN 978-626-7044-81-0

版權所有‧翻印必究

本書如遇缺頁、購買時即破損等瑕疵，請寄回本社更換